高等教育课程改革创新教材
公共基础课系列教材

计算机基础上机指导
（Windows 7+Office 2016）

黎红星　沈洪旗　主编

王海燕　李冯林　何远纲　李　霞　副主编

科学出版社

北　京

内 容 简 介

本书参照教育部提出的非计算机专业三层次大学计算机基础教学的要求和全国计算机等级考试大纲编写，是《计算机基础实用教程（Windows 7+Office 2016）》（黎红星，沈洪旗主编，科学出版社）的配套习题及实验指导。

本书分为两个部分：第 1 部分为习题，包括计算机公共基础知识习题及 Word、Excel、PowerPoint 习题；第 2 部分为实验指导，包括 1 个 Windows 7 操作系统实验、4 个 Word 2016 应用实验、3 个 Excel 2016 应用实验、2 个 PowerPoint 2016 应用实验。

本书可作为普通高等学校非计算机专业学生的教学用书，还可作为计算机从业人员或计算机爱好者的参考用书。

图书在版编目（CIP）数据

计算机基础上机指导：Windows 7+Office 2016/黎红星，沈洪旗主编. —北京：科学出版社，2021.8

高等教育课程改革创新教材·公共基础课系列教材

ISBN 978-7-03-069329-7

Ⅰ. ①计⋯ Ⅱ. ①黎⋯ ②沈⋯ Ⅲ. ①电子计算机-高等学校-教学参考资料 Ⅳ. ①TP3

中国版本图书馆 CIP 数据核字（2021）第 134807 号

责任编辑：张振华 / 责任校对：赵丽杰
责任印制：吕春珉 / 封面设计：孙 普

科 学 出 版 社 出版
北京东黄城根北街 16 号
邮政编码：100717
http://www.sciencep.com

天津翔远印刷有限公司 印刷

科学出版社发行 各地新华书店经销

*

2021 年 8 月第 一 版 开本：787×1092 1/16
2021 年 8 月第一次印刷 印张：9 1/2
字数：210 000

定价：28.00 元
（如有印装质量问题，我社负责调换〈翔远〉）

销售部电话 010-62136230 编辑部电话 010-62135120-2005

前　　言

随着计算机技术的日益普及，计算机已成为各行各业基本的应用之一，掌握计算机的基本操作已成为人们必备的技能。

本书是《计算机基础实用教程（Windows 7+Office 2016）》（黎红星，沈洪旗主编，科学出版社）的配套习题及实验指导。其根据教育部非计算机专业计算机基础课程教学指导委员会提出的《关于进一步加强高校计算机基础教学意见》中"大学计算机基础"课程的"一般要求"制订教学目标，可满足一般院校的教学需要。

编者结合多年从事教学和实践工作的经验，基于全国计算机等级考试二级公共基础知识和 Office 2016 应用考试大纲，编写了本书。实验是教学过程中必不可少的重要环节，是培养学生计算机操作能力和综合应用能力的重要途径。本书重视实践应用、实验与理论的有机结合，将核心知识点全部渗透在习题与实验中，实验具有内容丰富、深入浅出、图文并茂、实用性强的特点，能够帮助学生理解和掌握 Office 2016 应用考核过程中的重点和难点。

本书分为两个部分：第 1 部分为习题，包括计算机公共基础知识部分的习题及 Word、Excel、PowerPoint 习题；第 2 部分实验指导的内容共包括 10 个实验，每个实验都是根据教学目标设计的，以帮助学生熟悉和掌握主教材相应章节知识点的实践方法，每个实验都给出了详细的操作步骤及实验结果，读者需要综合运用所掌握的知识，实现指定的功能，提高分析问题、处理问题的综合能力。

本书由黎红星（重庆信息技术职业学院）、沈洪旗（重庆信息技术职业学院）担任主编，由王海燕（德州科技职业学院青岛校区）、李冯林（重庆科技职业学院）、何远纲（重庆电力高等专科学校）、李霞（重庆市永川职业教育中心）任副主编，周鸣谦（苏州大学）参编。

由于编者水平所限，书中难免有不足之处，恳请广大读者批评指正。

编　者

目　　录

第 1 部分　习　　题

第 2 部分　实 验 指 导

第1部分 习 题

本部分内容包括计算机公共基础知识部分的习题,以及全国计算机等级考试二级 MS Office 高级应用所涉及的 Word、Excel、PowerPoint 的习题。

习题为全国计算机等级考试二级中的单项选择题(含公共基础知识部分),分值 20 分(公共基础知识部分 10 分),共包含 7 个章节的内容,依次为算法与数据结构、程序设计基础、软件工程基础、数据库设计基础(以上为公共基础知识),以及 Word、Excel 和 PowerPoint 的应用习题。

第 1 章

算法与数据结构

1. 算法的时间复杂度是指（　　　）。

　　A. 执行算法程序所需要的时间

　　B. 算法程序的长度

　　C. 算法执行过程中所需要的基本运算次数

　　D. 算法程序中的指令数量

2. 算法的空间复杂度是指（　　　）。

　　A. 算法执行过程中所需要的存储空间

　　B. 算法程序的长度

　　C. 算法程序中的指令数量

　　D. 算法程序所占的存储空间

3. 算法的有穷性是指（　　　）。

　　A. 算法程序的运行时间是有限的

　　B. 算法程序所处理的数据量是有限的

　　C. 算法程序的长度是有限的

　　D. 算法只能被有限的用户使用

4. 下面关于算法的叙述中，正确的是（　　　）。

　　A. 算法的执行效率与数据的存储结构无关

　　B. 算法的有穷性是指算法必须能在执行有限个步骤之后终止

　　C. 算法的空间复杂度是指算法程序中指令的数量

　　D. 以上 3 种描述都正确

5. 数据结构主要研究的是数据的逻辑结构、（　　　）和数据的运算。

　　A. 数据的方法　　　　　　　　B. 数据的存储结构

　　C. 数据的对象　　　　　　　　D. 数据的逻辑存储

6. 下列关于线性表的描述中，不正确的是（　　　）。

　　A. 线性表可以是空表

　　B. 线性表是一种线性结构

　　C. 线性表的所有结点有且仅有一个前驱和后继

　　D. 线性表是由 n 个元素组成的一个有限序列

7. 下列关于栈的描述中，正确的是（　　　）。

　　A. 在栈中只能插入数据　　　　　　B. 在栈中只能删除数据

    C．栈的特点是先进先出　　　　　　D．栈的特点是先进后出

8．下列关于队列的描述中，正确的是（　　　）。
    A．队列属于非线性表　　　　　　　B．队列的特点是先进后出
    C．队列在队尾删除数据　　　　　　D．队列的特点是先进先出

9．下列描述正确的是（　　　）。
    A．线性表是线性结构　　　　　　　B．栈和队列是非线性结构
    C．线性链表是非线性结构　　　　　D．二叉树是线性结构

10．下列关于队列的描述中，正确的是（　　　）。
    A．任何一棵二叉树必须有一个度为 2 的结点
    B．二叉树的度可以小于 2
    C．非空二叉树有 0 个或 1 个根结点
    D．至少有 2 个根结点

11．在一棵二叉树上，第 5 层的结点数最多为（　　　）。
    A．8　　　　　　　B．9　　　　　　　C．16　　　　　　　D．32

12．一棵二叉树的前序遍历结果为 ABCEDF，中序遍历结果为 CBAEDF，则其后序遍历结果为（　　　）。
    A．DBACEF　　　B．CBEFDA　　　C．FDAEBC　　　D．DFABEC

13．设一棵满二叉树共有 15 个结点，则在该满二叉树中的叶子结点数为（　　　）。
    A．7　　　　　　　B．8　　　　　　　C．9　　　　　　　D．10

14．在长度为 n 的有序线性表中进行二分法查找，最坏情况下的比较次数为（　　　）。
    A．n　　　　　　B．n^2　　　　　　C．$n\log_2 n$　　　　　D．$\log_2 n + 1$

15．冒泡排序在最坏情况下的比较次数为（　　　）。
    A．$n(n+1)/2$　　B．$n\log_2 n$　　　C．$n(n-1)/2$　　　D．$n/2$

16．冒泡排序的时间复杂度为（　　　）。
    A．$O(n)$　　　　B．$O(n\log_2 n)$　　C．$O(n^2)$　　　D．$O(\log_2 n)$

17．快速排序的时间复杂度为（　　　）。
    A．$O(n)$　　　　B．$O(n\log_2 n)$　　C．$O(n^2)$　　　D．$O(\log_2 n)$

18．对于长度为 n 的线性表排序，在最坏情况下，比较次数不是 $n(n-1)/2$ 的排序方法是（　　　）。
    A．快速排序　　　B．冒泡排序　　　C．直接插入排序　　　D．堆排序

19．某二叉树有 5 个度为 2 的结点，则该二叉树中的叶子结点数是（　　　）。
    A．10　　　　　　B．8　　　　　　　C．6　　　　　　　D．4

20．下列叙述中正确的是（　　　）。
    A．循环队列有队头和队尾两个指针，因此循环队列是非线性结构
    B．在循环队列中，只需要队头指针就能反映队列中元素的动态变化情况
    C．在循环队列中，只需要队尾指针就能反映队列中元素的动态变化情况
    D．在循环队列中，元素的个数是由队头指针和队尾指针共同决定的

21．下列叙述中正确的是（　　　）。
    A．顺序存储结构的存储空间一定是连续的，链式存储结构的存储空间不一定是连续的
    B．顺序存储结构只针对线性结构，链式存储结构只针对非线性结构

C．顺序存储结构能存储有序表，链式存储结构不能存储有序表

D．链式存储结构比顺序存储结构节省存储空间

22．对于循环队列，下列叙述中正确的是（　　）。

A．队头指针是固定不变的

B．队头指针一定大于队尾指针

C．队头指针一定小于队尾指针

D．队头指针可以大于队尾指针，也可以小于队尾指针

23．一个栈的初始状态为空。现将元素 1、2、3、4、5、A、B、C、D、E 依次入栈，再依次出栈，则元素出栈的顺序是（　　）。

A．12345ABCDE　　　　　　　B．EDCBA54321

C．ABCDE12345　　　　　　　D．54321EDCBA

24．下列排序方法中，最坏情况下比较次数最少的是（　　）。

A．冒泡排序　　　　　　　　B．简单选择排序

C．直接插入排序　　　　　　D．堆排序

25．支持子程序调用的数据结构是（　　）。

A．栈　　　　　B．树　　　　　C．队列　　　　　D．二叉树

26．下列数据结构中，属于非线性结构的是（　　）。

A．循环队列　　　B．带链队列　　　C．二叉树　　　　D．带链栈

27．下列叙述中正确的是（　　）。

A．栈是"先进先出"的线性表

B．队列是"先进后出"的线性表

C．循环队列是非线性结构

D．有序线性表既可以采用顺序存储结构，又可以采用链式存储结构

28．下列叙述中正确的是（　　）。

A．线性表的链式存储结构与顺序存储结构所需要的存储空间是相同的

B．线性表的链式存储结构所需要的存储空间一般要多于顺序存储结构

C．线性表的链式存储结构所需要的存储空间一般要少于顺序存储结构

D．以上 3 项均正确

29．下列叙述中正确的是（　　）。

A．在栈中，栈中元素随栈底指针与栈顶指针的变化而动态变化

B．在栈中，栈顶指针不变，栈中元素随栈底指针的变化而动态变化

C．在栈中，栈底指针不变，栈中元素随栈顶指针的变化而动态变化

D．上述 3 种说法都不对

30．某二叉树共有 7 个结点，其中叶子结点只有 1 个，则该二叉树的深度为（假设根结点在第 1 层）（　　）。

A．3　　　　　　B．4　　　　　　C．6　　　　　　D．7

31．设循环队列的存储空间为 $Q(1{:}50)$，初始状态为 front=rear=50。经过一系列入队和出队操作后，front=rear=25，则该循环队列中元素个数为（　　）。

A．26　　　　　　B．25　　　　　　C．24　　　　　　D．0 或 50

32．下列关于二叉树的叙述中，正确的是（　　　）。

    A．叶子结点总是比度为 2 的结点少一个

    B．叶子结点总是比度为 2 的结点多一个

    C．叶子结点数是度为 2 的结点数的两倍

    D．度为 2 的结点数是度为 1 的结点数的两倍

33．一棵二叉树共有 25 个结点，其中 5 个是叶子结点，则度为 1 的结点数为（　　　）。

    A．16　　　　　　B．10　　　　　　C．6　　　　　　D．4

34．设循环队列的存储空间为 $Q(1:50)$，初始状态为 front=rear=50。经过一系列入队和出队操作后，front=14，rear=19，则该循环队列中的元素个数为（　　　）。

    A．46　　　　　　B．45　　　　　　C．6　　　　　　D．5

35．下列链表中，其逻辑结构属于非线性结构的是（　　　）。

    A．二叉链表　　　B．循环链表　　　C．双向链表　　　　D．带链的栈

36．下列叙述中正确的是（　　　）。

    A．程序执行的效率与数据的存储结构密切相关

    B．程序执行的效率只取决于程序的控制结构

    C．程序执行的效率只取决于所处理的数据量

    D．以上都不正确

37．下列叙述中正确的是（　　　）。

    A．一个算法的空间复杂度大，则其时间复杂度也必定大

    B．一个算法的空间复杂度大，则其时间复杂度必定小

    C．一个算法的时间复杂度大，则其空间复杂度必定小

    D．算法的时间复杂度与空间复杂度没有直接关系

38．对长度为 10 的线性表进行冒泡排序，最坏情况下需要比较的次数为（　　　）。

    A．9　　　　　　B．10　　　　　　C．45　　　　　　D．90

39．下列叙述中正确的是（　　　）。

    A．有且只有一个根结点的数据结构一定是线性结构

    B．每个结点最多有一个前驱结点、最多有一个后继结点的数据结构一定是线性结构

    C．有且只有一个根结点的数据结构一定是非线性结构

    D．有且只有一个根结点的数据结构可能是线性结构，也可能是非线性结构

40．下列叙述中错误的是（　　　）。

    A．在双向链表中，可以从任何一个结点开始直接遍历到所有结点

    B．在循环链表中，可以从任何一个结点开始直接遍历到所有结点

    C．在线性单链表中，可以从任何一个结点开始直接遍历到所有结点

    D．在二叉链表中，可以从根结点开始遍历到所有结点

41．设栈的顺序存储空间为 $S(1:50)$，初始状态为 top=0。经过一系列入栈与出栈运算后，top=20，则当前栈中的元素个数为（　　　）。

    A．30　　　　　　B．29　　　　　　C．20　　　　　　D．19

42．为了对有序表进行对分查找，则要求有序表（　　　）。

    A．只能顺序存储

　　B．只能链式存储

　　C．可以顺序存储，也可以链式存储

　　D．任何存储方式

43．设某二叉树的后序遍历序列为 CBA，中序遍历序列为 ABC，则该二叉树的前序遍历序列为（　　）。

　　A．BCA　　　　　　B．CBA　　　　　　C．ABC　　　　　　D．CAB

44．设循环队列为 $Q(1:m)$，初始状态为 front=rear=m。经过一系列的入队与出队运算后，front=rear=1，则该循环队列中的元素个数为（　　）。

　　A．1　　　　　　　B．2　　　　　　　C．$m-1$　　　　　D．0 或 m

45．设栈的顺序存储空间为 $S(1:m)$，初始状态为 top=$m+1$。经过一系列入栈与出栈运算后，top=20，则当前栈中的元素个数为（　　）。

　　A．30　　　　　　　B．20　　　　　　C．$m-19$　　　　D．$m-20$

46．某二叉树的前序遍历序列为 ABCDEFG，中序遍历序列为 DCBAEFG，则该二叉树的后序遍历序列为（　　）。

　　A．EFGDCBA　　　B．DCBEFGA　　　C．BCDGFEA　　　D．DCBGFEA

47．一个栈的初始状态为空，现将元素 A、B、C、D、E 依次入栈，然后依次出栈 3 次，并将出栈的 3 个元素依次入队（原队列为空），最后将队列中的元素全部退出，则元素出队的顺序为（　　）。

　　A．ABC　　　　　　B．CBA　　　　　　C．EDC　　　　　D．CDE

48．带链的栈与顺序存储的栈相比，其优点是（　　）。

　　A．入栈与出栈操作方便

　　B．可以省略栈底指针

　　C．入栈操作时不会受栈存储空间的限制而发生溢出

　　D．所占存储空间相同

49．下列数据结构中，不能采用顺序存储结构的是（　　）。

　　A．栈　　　　　　　B．堆　　　　　　　C．队列　　　　　　D．非完全二叉树

50．从任何一个结点出发都可以不重复地访问到其他所有结点的链表是（　　）。

　　A．循环链表　　　B．双向链表　　　C．单向链表　　　D．二叉链表

第 2 章

程序设计基础

1. 结构化程序设计的基本原则不包括（　　）。

    A．多态性　　　　　B．自顶向下　　　C．模块化　　　　　　D．逐步求精

2. 在面向对象方法中，不属于"对象"基本特点的是（　　）。

    A．一致性　　　　　B．分类性　　　　C．多态性　　　　　　D．标识唯一性

3. 在面向对象方法中，继承是指（　　）。

    A．一组对象所具有的相似性质

    B．一个对象具有另一个对象的性质

    C．各对象之间的共同性质

    D．类之间共享属性和操作的机制

4. 结构化程序的基本结构不包括（　　）。

    A．顺序结构　　　　　　　　　　B．goto 跳转

    C．选择（分支）结构　　　　　　D．循环结构

5. 下面关于"对象"概念的描述中，正确的是（　　）。

    A．对象间的通信靠消息传递实现

    B．对象是名称和方法的封装体

    C．任何对象必须有继承性

    D．对象的多态性是指一个对象有多个操作

6. 在结构化程序设计中，对 goto 语句的使用描述正确的是（　　）。

    A．禁止使用 goto 语句　　　　　B．使用 goto 语句程序效率高

    C．应避免滥用 goto 语句　　　　D．goto 语句确实一无是处

7. 结构化程序的基本控制结构是（　　）。

    A．主程序与子程序

    B．选择结构、循环结构与层次结构

    C．顺序结构、选择结构与循环结构

    D．模块结构、选择结构与层次结构

8. 在结构化程序设计中，模块划分的原则是（　　）。

    A．各模块应包括尽量多的功能

    B．各模块的规模应尽量大

    C．各模块之间的联系应尽量紧密

    D．模块内具有高内聚度，模块间具有低耦合度

9. 对象实现了数据和操作（方法）的结合，其实现的机制是（　　）。

    A. 封装　　　　　　B. 继承　　　　　　C. 隐蔽　　　　　　D. 抽象

10. 下列选项中，不是面向对象主要特征的是（　　）。

    A. 复用　　　　　　B. 抽象　　　　　　C. 继承　　　　　　D. 封装

11. 结构化程序设计强调（　　）。

    A. 程序的易读性　　　　　　　　　B. 程序的效率

    C. 程序的规模　　　　　　　　　　D. 程序的可复用性

12. 下面对"对象"概念的描述中，错误的是（　　）。

    A. 对象不具有封装性

    B. 对象是属性和方法的封装体

    C. 对象间的通信靠消息传递实现

    D. 一个对象是其对应类的实例

13. 下面对"对象"概念的描述中，正确的是（　　）。

    A. 操作是对象的动态属性

    B. 属性就是对象

    C. 任何对象都必须有继承性

    D. 对象是对象名和方法的封装体

第 3 章

软件工程基础

1. 下面不属于软件工程的 3 个要素的是（　　）。

　　A. 工具　　　　　B. 环境　　　　　C. 过程　　　　　D. 方法

2. 在软件生命周期中，分析系统"做什么"，确定系统功能、性能和可靠性要求的阶段是（　　）。

　　A. 概要设计　　　B. 详细设计　　　C. 可行性设计　　　D. 需求分析

3. 开发软件所需的高成本和产品的低质量之间有着尖锐的矛盾，这种现象称为（　　）。

　　A. 软件矛盾　　　B. 软件危机　　　C. 软件耦合　　　D. 软件产生

4. 下面不属于软件设计原则的是（　　）。

　　A. 抽象　　　　　B. 模块化　　　　C. 自底向上　　　　D. 信息隐藏

5. 在结构化方法中，软件功能分解属于软件开发中的（　　）阶段。

　　A. 详细设计　　　B. 需求分析　　　C. 总体设计　　　D. 编程调试

6. 软件调试的目的是（　　）。

　　A. 发现错误　　　　　　　　　B. 改正错误

　　C. 改善软件的性能　　　　　　D. 挖掘软件的潜能

7. 在软件开发中，需求分析阶段产生的主要文档是（　　）。

　　A. 可行性分析报告　　　　　　B. 软件需求规格说明书

　　C. 概要设计说明书　　　　　　D. 集成测试计划

8. 程序流程图中带有箭头的线段表示（　　）。

　　A. 图元关系　　　B. 数据流　　　　C. 控制流　　　　D. 调用关系

9. 在软件开发中，需求分析阶段可以使用的工具是（　　）。

　　A. N-S 图　　　　B. 数据流图　　　C. PAD 图　　　　D. 程序流程图

10. 数据流图中带有箭头的线段表示（　　）。

　　A. 控制流　　　　B. 事件驱动　　　C. 模块调用　　　D. 数据流

11. 在软件设计中，模块划分应遵循的准则是（　　）。

　　A. 低内聚、低耦合　　　　　　B. 高内聚、低耦合

　　C. 低内聚、高耦合　　　　　　D. 高内聚、高耦合

12. 软件按功能可以分为应用软件、系统软件和支撑软件（或工具软件）。下面属于应用软件的是（　　）。

　　A. 编译程序　　　　　　　　　B. 操作系统

　　C. 教务管理系统　　　　　　　D. 汇编程序

13. 软件生命周期是指（　　　）。

    A. 软件产品从提出、实现、使用、维护到退役的过程

    B. 软件从需求分析、设计、实现到测试完成的过程

    C. 软件的开发过程

    D. 软件的运行维护过程

14. 软件测试的目的是（　　　）。

    A. 评估软件可靠性　　　　　　　　B. 发现并改正程序中的错误

    C. 改正程序中的错误　　　　　　　D. 发现程序中的错误

15. 软件生命周期中的活动不包括（　　　）。

    A. 市场调研　　　　B. 需求分析　　　　C. 软件测试　　　　D. 软件维护

16. 在黑盒测试方法中，设计测试用例的主要根据是（　　　）。

    A. 程序内部逻辑　　　　　　　　　B. 程序外部功能

    C. 程序数据结构　　　　　　　　　D. 程序流程图

17. 下列描述中，不属于软件危机表现的是（　　　）。

    A. 软件过程不规范　　　　　　　　B. 软件开发生产率低

    C. 软件质量难以控制　　　　　　　D. 软件成本不断提高

18. 下面属于黑盒测试方法的是（　　　）。

    A. 语句覆盖　　　　B. 逻辑覆盖　　　　C. 边界值分析　　　　D. 路径覆盖

19. 数据字典所定义的对象都包含于（　　　）中。

    A. 数据流图　　　　B. 程序流程图　　　　C. 软件结构图　　　　D. 方框图

20. 下面属于白盒测试方法的是（　　　）。

    A. 等价类划分法　　　B. 逻辑覆盖　　　　C. 边界值分析法　　　　D. 错误推测法

21. 耦合性和内聚性是对模块独立性进行度量的两个标准，下列叙述中正确的是（　　　）。

    A. 提高耦合性，降低内聚性，有利于提高模块的独立性

    B. 降低耦合性，提高内聚性，有利于提高模块的独立性

    C. 耦合性是指一个模块内部各个元素间彼此结合的紧密程度

    D. 内聚性是指模块间互相连接的紧密程度

22. 构成计算机软件的是（　　　）。

    A. 源代码　　　　　　　　　　　　B. 程序和数据

    C. 程序和文档　　　　　　　　　　D. 程序、数据及相关文档

23. 软件生命周期可分为定义阶段、开发阶段和维护阶段，下面不属于开发阶段任务的是（　　　）。

    A. 测试　　　　　　B. 设计　　　　　　C. 可行性研究　　　　D. 实现

24. 下面不能作为结构化方法软件需求分析工具的是（　　　）。

    A. 系统结构图　　　B. 数据字典　　　　C. 数据流图　　　　D. 判定表

25. 下面不属于软件测试实施步骤的是（　　　）。

    A. 集成测试　　　　B. 回归测试　　　　C. 确认测试　　　　D. 单元测试

26. 下面不属于软件需求分析阶段主要工作的是（　　　）。

    A. 需求变更申请　　　　　　　　　B. 需求分析

C. 需求评审　　　　　　　　　　D. 需求获取

27. 下面不属于软件需求分析阶段工作的是（　　　）。

    A. 需求获取　　　　　　　　　　B. 需求计划

    C. 生成需求规格说明书　　　　　D. 需求评审

28. 下面不能作为软件设计工具的是（　　　）。

    A. PAD 图　　　　　　　　　　　B. 程序流程图

    C. 数据流图　　　　　　　　　　D. 总体结构图

29. 软件测试的实施步骤是（　　　）。

    A. 单元测试、集成测试、确认测试

    B. 集成测试、确认测试、系统测试

    C. 确认测试、集成测试、单元测试

    D. 单元测试、集成测试、回归测试

30. 下面不属于软件需求规格说明书内容的是（　　　）。

    A. 软件的可验证性　　　　　　　B. 软件的功能需求

    C. 软件的性能需求　　　　　　　D. 软件的外部接口

第4章

数据库设计基础

1．在数据管理技术的发展过程中，经历了人工管理阶段、文件系统阶段和数据库系统阶段。在这几个阶段中，数据独立性最高的是（   ）阶段。

    A．数据库系统　　　　　　　　　B．文件系统

    C．人工管理　　　　　　　　　　D．数据项管理

2．下列关于数据库的说法中，不正确的是（   ）。

    A．数据库避免了一切数据的重复

    B．若系统是完全可以控制的，则系统可确保更新时的一致性

    C．数据库中的数据可以共享

    D．数据库减少了数据冗余

3．数据库（DB）、数据库系统（DBS）和数据库管理系统（DBMS）三者之间的关系是（   ）。

    A．DBS 包括 DB 和 DBMS　　　　B．DBMS 包括 DB 和 DBS

    C．DB 包括 DBS 和 DBMS　　　　D．DBS 就是 DB，也就是 DBMS

4．一个关系数据库文件中的各条记录（   ）。

    A．前后顺序不能任意颠倒，一定要按照输入的顺序排列

    B．前后顺序可以任意颠倒，不影响库的数据关系

    C．前后顺序可以任意颠倒，但排列顺序不同，统计处理的结果就可能不同

    D．前后顺序不能任意颠倒，一定要按照关键字段值的顺序排列

5．规范化理论是关系数据库进行逻辑设计的理论依据。根据这个理论，关系数据库中的关系必须满足：其每一属性都是（   ）。

    A．互不相关的　　　　　　　　　B．不可分解的

    C．长度可变的　　　　　　　　　D．互相关联的

6．关系数据库系统中所管理的关系是（   ）。

    A．一个.accdb 文件　　　　　　　B．若干.accdb 文件

    C．一个二维表　　　　　　　　　D．若干二维表

7．数据模型反映的是（   ）。

    A．事物本身的数据和相关事物之间的联系

    B．事物本身所包含的数据

    C．记录中所包含的全部数据

    D．记录本身的数据和相关关系

8. 用二维表来表示实体及实体之间联系的数据模型是（　　）。

    A．实体-联系模型　　　　　　　B．层次模型

    C．网状模型　　　　　　　　　D．关系模型

9. 有关字段属性，以下叙述错误的是（　　）。

    A．字段大小可用于设置文本、数字或自动编号等类型字段的最大容量

    B．可对任意类型的字段设置默认值属性

    C．有效性规则属性是用于限制此字段输入值的表达式

    D．不同的字段类型，其字段属性有所不同

10. 在数据库中能够唯一地标识一个元组的属性或属性的组合称为（　　）。

    A．记录　　　　　B．字段　　　　　C．域　　　　　D．关键字

11. 如果一个数据表中含有照片，那么"照片"这一字段的数据类型通常为（　　）。

    A．备注　　　　　B．超链接　　　　C．OLE 对象　　　D．文本

12. 字段名可以是任意想要的名称，最多可达（　　）个字符。

    A．16　　　　　B．32　　　　　C．64　　　　　D．128

13. 以下关于主关键字的说法，错误的是（　　）。

    A．使用自动编号是创建主关键字最简单的方法

    B．作为主关键字的字段中允许出现 NULL 值

    C．作为主关键字的字段中不允许出现重复值

    D．不能确定任何单字段值的唯一性时，可以将两个或更多的字段组合成主关键字

14. 使用表设计器来定义表的字段时，以下可以不设置内容的是（　　）。

    A．字段名称　　　B．数据类型　　　C．说明　　　　D．字段属性

15. 假设数据库中表 A 与表 B 建立了"一对多"关系，表 B 为"多"的一方，则下述说法中正确的是（　　）。

    A．表 A 中的一个记录能与表 B 中的多个记录匹配

    B．表 B 中的一个记录能与表 A 中的多个记录匹配

    C．表 A 中的一个字段能与表 B 中的多个字段匹配

    D．表 B 中的一个字段能与表 A 中的多个字段匹配

16. 数据表中的"行"称为（　　）。

    A．字段　　　　　B．数据　　　　　C．记录　　　　　D．数据视图

17. 下面说法中错误的是（　　）。

    A．文本型字段，最长为 255 个字符

    B．要得到一个计算字段的结果，仅能运用总计查询来完成

    C．在创建一对一关系时，要求两个表的相关字段都是主关键字

    D．在创建表之间的关系时，正确的操作是关闭所有打开的表

18. 在已经建立的数据表中，若在显示表中内容时使某些字段不能移动显示位置，可以使用的方法是（　　）。

    A．排序　　　　　B．筛选　　　　　C．隐藏　　　　　D．冻结

19. 将两个关系拼接成一个新的关系，生成的新关系中包含满足条件的元组，这种操作称为（　　）。

    A．选择　　　　　B．投影　　　　　C．连接　　　　　D．并

20．如果表 A 中的一条记录与表 B 中的多条记录相匹配，且表 B 中的一条记录与表 A 中的多条记录相匹配，则表 A 与表 B 存在（　　）关系。

    A．一对一　　　　　B．一对多　　　　C．多对一　　　　　D．多对多

第 5 章

Word

1. 某 Word 文档中有一个 5 行 4 列的表格，如果要将另外一个文本文件中的 5 行文字复制到该表格中，并且使其正好成为该表格一列的内容，最优的操作方法是（　　）。

    A. 在文本文件中选中这 5 行文字，复制到剪贴板；然后回到 Word 文档中，将光标置于指定列的第一个单元格，将剪贴板中的内容粘贴过来

    B. 将文本文件中的 5 行文字，一行一行地复制、粘贴到 Word 文档表格对应列的 5 个单元格中

    C. 在文本文件中选中这 5 行文字，复制到剪贴板；然后回到 Word 文档中，选中对应列的 5 个单元格，将剪贴板内容粘贴过来

    D. 在文本文件中选中这 5 行文字，复制到剪贴板；然后回到 Word 文档中，选中该表格，将剪贴板内容粘贴过来

2. 张经理在对 Word 文档形式的工作报告进行修改的过程中，希望在原始文档中显示其修改的内容和状态，最优的操作方法是（　　）。

    A. 利用"审阅"选项卡中的批注功能，为文档中每一处需要修改的地方添加批注，将自己的意见写到批注框里

    B. 利用"插入"选项卡中的文本功能，为文档中每一处需要修改的地方添加文档部件，将自己的意见写到文档部件中

    C. 利用"审阅"选项卡中的修订功能，选择显示标记的文档修订查看方式后单击"修订"按钮，然后在文档中直接修改内容

    D. 利用"插入"选项卡中的修订标记功能，为文档中每一处需要修改的地方插入修订符号，然后在文档中直接修改内容

3. 小华利用 Word 编辑一份书稿，出版社要求目录和正文的页码分别采用不同的格式，且均从第 1 页开始，最优的操作方法是（　　）。

    A. 将目录和正文分别存在两个文档中，分别设置页码

    B. 在目录与正文之间插入分节符，在不同的节中设置不同的页码

    C. 在目录与正文之间插入分页符，在分页符前后设置不同的页码

    D. 不在 Word 中设置页码，将其转换为 PDF 格式时再增加页码

4. 小明的毕业论文分别请两位老师进行了审阅。每位老师分别通过 Word 的修订功能对该论文进行了修改。现在，小明需要将两份经过修订的文档合并为一份，最优的操作方法是（　　）。

    A. 小明可以在一份修订较多的文档中，将另一份修订较少的文档修改内容手动对照补充进去

　　B．请一位老师在另一位老师修订后的文档中再进行一次修订

　　C．利用 Word 比较功能，将两位老师的修订合并到一个文档中

　　D．将修订较少的那部分舍弃，只保留修订较多的那份论文作为终稿

5．Word 文档中有一个占用 3 页篇幅的表格，如需使这个表格的标题行都出现在各页面首行，最优的操作方法是（　　　）。

　　A．将表格的标题行复制到另外 2 页中

　　B．利用"重复标题行"功能

　　C．打开"表格属性"对话框，在"列"属性中进行设置

　　D．打开"表格属性"对话框，在"行"属性中进行设置

6．在 Word 文档中包含文档目录，将文档目录转变为纯文本格式的最优操作方法是（　　　）。

　　A．文档目录本身就是纯文本格式，不需要再进行进一步的操作

　　B．使用【Ctrl+Shift+F9】组合键

　　C．在文档目录上右击，在弹出的快捷菜单中选择"转换"命令

　　D．复制文档目录，然后通过选择性粘贴功能以纯文本方式显示

7．小张完成了毕业论文，现需要在正文前添加论文目录以便检索和阅读，最优的操作方法是（　　　）。

　　A．利用 Word 提供的"手动目录"功能创建目录

　　B．直接输入作为目录的标题文字和相对应的页码创建目录

　　C．将文档的各级标题设置为内置标题样式，然后基于内置标题样式自动插入目录

　　D．不使用内置标题样式，而是直接基于自定义样式创建目录

8．小王计划邀请 30 家客户参加答谢会，并为客户发送邀请函。快速制作 30 份邀请函的最优操作方法是（　　　）。

　　A．发动同事帮忙制作邀请函，每个人写几份

　　B．利用 Word 的邮件合并功能自动生成

　　C．先制作好一份邀请函，然后复印 30 份，在每份上添加客户名称

　　D．先在 Word 中制作一份邀请函，通过复制、粘贴功能生成 30 份，然后分别添加客户名称

9．小张的毕业论文设置为两栏页面布局，现需要在分栏之上插入一横跨两栏内容的论文标题，最优的操作方法是（　　　）。

　　A．在两栏内容之前空出几行，打印出来后手动写上标题

　　B．在两栏内容之上插入一个分节符，然后设置论文标题位置

　　C．在两栏内容之上插入一个文本框，输入标题，并设置文本框的环绕方式

　　D．在两栏内容之上插入一个艺术字标题

10．在 Word 文档中，选择从某一段落开始位置到文档末尾的全部内容，最优的操作方法是（　　　）。

　　A．将鼠标指针移到该段落的开始位置，按【Ctrl+A】组合键

　　B．将鼠标指针移到该段落的开始位置，按住【Shift】键的同时单击文档的结束位置

　　C．将鼠标指针移到该段落的开始位置，按【Ctrl+Shift+End】组合键

　　D．将鼠标指针移到该段落的开始位置，按【Alt+Ctrl+Shift+Page Down】组合键

11．Word 文档的结构层次为"章—节—小节"，如章"1"为一级标题、节"1.1"为二级标题、小节"1.1.1"为三级标题，采用多级列表的方式已经完成了对第 1 章中章、节、

小节的设置，如需完成剩余几章内容的多级列表设置，最优的操作方法是（　　）。

    A．复制第 1 章中的"章、节、小节"段落，分别粘贴到其他章节对应位置，然后替换标题内容

    B．将第 1 章中的"章、节、小节"格式保存为标题样式，并将其应用到其他章节的对应段落

    C．利用格式刷功能，分别复制第 1 章中的"章、节、小节"格式，并应用到其他章节的对应段落

    D．逐个对其他章节对应的"章、节、小节"标题应用"多级列表"格式，并调整段落结构层次

12．在 Word 文档编辑过程中，如需将特定的计算机应用程序窗口画面作为文档的插图，最优的操作方法是（　　）。

    A．使所需画面窗口处于活动状态，按【Print Screen】键，再粘贴到 Word 文档的指定位置

    B．使所需画面窗口处于活动状态，按【Alt+Print Screen】组合键，再粘贴到 Word 文档的指定位置

    C．利用 Word 插入"屏幕截图"功能，直接将所需窗口画面插入 Word 文档的指定位置

    D．在计算机系统中安装截屏工具软件，利用该软件实现屏幕画面的截取

13．在 Word 文档中，学生"张小民"的名字被多次错误地输入为"张晓明""张晓敏""张晓民""张晓名"，纠正该错误的最优操作方法是（　　）。

    A．从前往后逐个查找错误的名字，并更正

    B．利用 Word "查找"功能搜索文本"张晓"，并逐一更正

    C．利用 Word "查找和替换"功能搜索文本"张晓*"，并将其全部替换为"张小民"

    D．利用 Word "查找和替换"功能搜索文本"张晓?"，并将其全部替换为"张小民"

14．小王利用 Word 撰写专业学术论文时，需要在论文结尾处列出所有参考文献或书目，最优的操作方法是（　　）。

    A．直接在论文结尾处输入所参考的文献的相关信息

    B．把所有参考文献信息保存在一个单独表格中，然后复制到论文结尾处

    C．利用 Word 中的"管理源"和"插入书目"功能，在论文结尾处插入参考文献或书目列表

    D．利用 Word 中的"插入尾注"功能，在论文结尾处插入参考文献或书目列表

15．小王需要在 Word 文档中将应用了"标题 1"样式的所有段落格式调整为段前、段后各 12 磅，单倍行距，最优的操作方法是（　　）。

    A．将每个段落逐一设置为段前、段后各 12 磅，单倍行距

    B．将其中一个段落设置为段前、段后各 12 磅，单倍行距，然后利用格式刷功能将格式复制到其他段落

    C．修改"标题 1"样式，将其段落格式设置为段前、段后各 12 磅，单倍行距

    D．利用查找替换功能，将"样式：标题 1"替换为单倍行距，段前、段后各 12 磅

16．如果希望为一个多页的 Word 文档添加页面图片背景，最优的操作方法是（　　）。

    A．在每一页中分别插入图片，并设置图片的环绕方式为衬于文字下方

    B．利用水印功能，将图片设置为文档水印

    C．利用页面填充效果功能，将图片设置为页面背景

D．执行"插入"选项卡中的"页面背景"命令，将图片设置为页面背景

17．将 Word 文档中的大写英文字母转换为小写，最优的操作方法是（   ）。

A．执行"开始"选项卡"字体"选项组中的"更改大小写"命令

B．执行"审阅"选项卡"格式"选项组中的"更改大小写"命令

C．执行"引用"选项卡"格式"选项组中的"更改大小写"命令

D．右击，在弹出的快捷菜单中选择"更改大小写"命令

18．小李正在 Word 中编辑一篇包含 12 个章节的书稿，他希望每一章都能自动从新的一页开始，最优的操作方法是（   ）。

A．在每一章最后插入分页符

B．在每一章最后连续按【Enter】键，直到下一页面开始处

C．将每一章标题的段落格式设为"段前分页"

D．将每一章标题指定为标题样式，并将样式的段落格式修改为"段前分页"

19．小李的打印机不支持自动双面打印，但他希望将一篇在 Word 中编辑好的论文连续打印在 A4 纸的正反两面上，最优的操作方法是（   ）。

A．先单面打印一份论文，然后找复印机进行双面复印

B．打印时先指定打印所有奇数页，将纸张翻过来后，再指定打印偶数页

C．打印时先设置"手动双面打印"，等 Word 提示打印第二面时将纸张翻过来继续打印

D．先在文档中选择所有奇数页并在打印时设置"打印所选内容"，将纸张翻过来后，再选择打印偶数页

20．张编辑休假前正在审阅一部 Word 书稿，他希望回来上班时能够快速找到上次编辑的位置，在 Word 中最优的操作方法是（   ）。

A．下次打开书稿时，直接通过滚动条找到该位置

B．记住一个关键词，下次打开书稿时，通过"查找"功能找到该关键词

C．记住当前页码，下次打开书稿时，通过"查找"功能定位页码

D．在当前位置插入一个书签，通过"查找"功能定位书签

21．在 Word 中编辑一篇文稿时，纵向选择一块文本区域的最快捷的操作方法是（   ）。

A．按住【Ctrl】键不放，拖动鼠标分别选择所需的文本

B．按住【Alt】键不放，拖动鼠标选择所需的文本

C．按住【Shift】键不放，拖动鼠标选择所需的文本

D．按【Ctrl+Shift+F8】组合键，拖动鼠标选择所需的文本

22．在 Word 中编辑一篇文稿时，如需快速选取一个较长段落的文字区域，最快捷的操作方法是（   ）。

A．直接拖动鼠标选择整个段落

B．在段首单击，按住【Shift】键不放再单击段尾

C．在段落左侧的空白处双击

D．在段首单击，按住【Shift】键不放再按【End】键

23．小刘使用 Word 编写与互联网相关的文章时，文中频繁出现"@"符号，他希望能够在输入"（A）"后自动变为"@"，最优的操作方法是（   ）。

A．将"（A）"定义为自动更正选项

B．先全部输入为"（A）"，最后再一次性替换为"@"

C．将"（A）"定义为自动图文集

D．将"（A）"定义为文档部件

24．郝秘书在 Word 中草拟一份会议通知，他希望该通知结尾处的日期能够随系统日期的变化而自动更新，最快捷的操作方法是（　　）。

A．通过插入日期和时间功能，插入特定格式的日期并设置为自动更新

B．通过插入对象功能，插入一个可以链接到源文件的日期

C．直接手动输入日期，然后将其格式设置为可以自动更新

D．通过插入域的方式插入日期和时间

25．小马在一篇 Word 文档中创建了一个漂亮的页眉，她希望在其他文档中还可以直接使用该页眉格式，最优的操作方法是（　　）。

A．下次创建新文档时，直接从该文档中将页眉复制到新文档中

B．将该文档保存为模板，下次可以在该模板的基础上创建新文档

C．将该页眉保存在页眉文档部件库中，以备下次调用

D．将该文档另存为新文档，并在此基础上修改即可

26．小江需要在 Word 中插入一个利用 Excel 制作好的表格，并希望 Word 文档中的表格内容随 Excel 源文件的数据变化而自动变化，最快捷的操作方法是（　　）。

A．在 Word 中通过"插入"选项卡中的"对象"功能插入一个可以链接到源文件的 Excel 表格

B．复制 Excel 数据源，然后在 Word 中选择"开始"选项卡"粘贴"下拉列表中的"选择性粘贴"命令粘贴链接

C．复制 Excel 数据源，然后在 Word 右键快捷菜单中选择带有链接功能的粘贴选项

D．在 Word 中选择"插入"选项卡"表格"下拉列表中的"Excel 电子表格"命令链接 Excel 表格

第 6 章

Excel

1．Excel 工作表中存放了第一中学和第二中学所有班级总计 300 个学生的考试成绩，A 列到 D 列分别对应"学校""班级""学号""成绩"，利用公式计算第一中学 3 班的平均分，最优的公式是（　　）。

    A．=SUMIFS(D2:D301,A2:A301," 第一中学 ",B2:B301,"3 班 ")/COUNTIFS(A2:A301,"第一中学",B2:B301,"3 班")

    B．=SUMIFS(D2:D301,B2:B301,"3 班")/COUNTIFS(B2:B301,"3 班")

    C．=AVERAGEIFS(D2:D301,A2:A301,"第一中学",B2:B301,"3 班")

    D．=AVERAGEIF(D2:D301,A2:A301,"第一中学",B2:B301,"3 班")

2．Excel 工作表 D 列保存了 18 位身份证号码信息，为了保护个人隐私，需将身份证信息的第 9～12 位用"*"表示，以 D2 单元格为例，最优的公式是（　　）。

    A．=MID(D2,1,8)+"****"+MID(D2,13,6)

    B．=CONCATENATE(MID(D2,1,8),"****",MID(D2,13,6))

    C．=REPLACE(D2,9,4,"****")

    D．=MID(D2,9,4,"****")

3．小金从网站上查到了最近一次全国人口普查的数据表格，他准备将这份表格中的数据引用到 Excel 中以便进一步分析，最优的操作方法是（　　）。

    A．对照网页上的表格，直接将数据输入 Excel 工作表中

    B．通过复制、粘贴功能，将网页上的表格复制到 Excel 工作表中

    C．通过 Excel 中的"自网站获取外部数据"功能，直接将网页上的表格导入 Excel 工作表中

    D．先将包含表格的网页保存为.htm 或.mht 格式文件，然后在 Excel 中直接打开该文件

4．小胡利用 Excel 对销售人员的销售额进行统计，销售工作表中已包含每位销售人员对应的产品销量，且产品销售单价为 308 元，计算每位销售人员销售额的最优操作方法是（　　）。

    A．直接通过公式"=销量×308"计算销售额

    B．将单价 308 定义名称为"单价"，然后在计算销售额的公式中引用该名称

    C．将单价 308 输入某个单元格中，然后在计算销售额的公式中绝对引用该单元格

    D．将单价 308 输入某个单元格中，然后在计算销售额的公式中相对引用该单元格

5．在 Excel 某列单元格中，快速填充 2017～2019 年每月最后一天日期的最优操作方法是（　　）。

    A．在第一个单元格中输入"2017-1-31"，然后使用 EOMONTH()函数填充其余 35 个单元格

    B．在第一个单元格中输入"2017-1-31"，拖动填充柄，然后使用智能标记自动填充其余 35 个单元格

    C．在第一个单元格中输入"2017-1-31"，然后使用格式刷直接填充其余 35 个单元格

    D．在第一个单元格中输入"2017-1-31"，然后执行"开始"选项卡中的"填充"命令

  6. 如果 Excel 单元格值大于 0，则在本单元格中显示"已完成"；如果单元格值小于 0，则在本单元格中显示"还未开始"；如果单元格值等于 0，则在本单元格中显示"正在进行中"，最优的操作方法是（   ）。

    A．使用 IF()函数

    B．通过自定义单元格格式，设置数据的显示方式

    C．使用条件格式命令

    D．使用自定义函数

  7. 小刘用 Excel 2016 制作了一份员工档案表，但经理的计算机中只安装了 Office 2003，能让经理正常打开员工档案表的最优操作方法是（   ）。

    A．将文档另存为 Excel 97-2003 文档格式

    B．将文档另存为 PDF 格式

    C．建议经理安装 Office 2016

    D．小刘自行安装 Office 2003，并重新制作一份员工档案表

  8. 在 Excel 工作表中，编码与分类信息以"编码丨分类"的格式显示在一个数据列内，要将编码与分类分为两列显示，最优的操作方法是（   ）。

    A．重新在两列中分别输入编码列和分类列，将原来的编码与分类列删除

    B．将编码与分类列在相邻位置复制一列，将一列中的编码删除，另一列中的分类删除

    C．使用文本函数将编码与分类信息分开

    D．在编码与分类列右侧插入一个空列，然后利用 Excel 的分列功能将其分开

  9. 初二年级各班的成绩单分别保存在独立的 Excel 工作簿文件中，李老师需要将这些成绩单合并到一个工作簿文件中进行管理，最优的操作方法是（   ）。

    A．将各班成绩单中的数据分别通过复制、粘贴命令整合到一个工作簿中

    B．通过移动或复制工作表功能，将各班成绩单整合到一个工作簿中

    C．打开一个班的成绩单，将其他班级的数据输入同一个工作簿的不同工作表中

    D．通过插入对象功能，将各班成绩单整合到一个工作簿中

  10. 某公司需要在 Excel 中统计各类商品的全年销量冠军，最优的操作方法是（   ）。

    A．在销量表中直接找到每类商品的销量冠军，并用特殊的颜色标记

    B．分别对每类商品的销量进行排序，将销量冠军用特殊的颜色标记

    C．通过自动筛选功能，分别找出每类商品的销量冠军，并用特殊的颜色标记

    D．通过设置条件格式，分别标出每类商品的销量冠军

  11. 在 Excel 中，要显示公式与单元格之间的关系，可使用（   ）。

    A．"公式"选项卡"函数库"选项组中的有关功能

B．"公式"选项卡"公式审核"选项组中的有关功能

C．"审阅"选项卡"校对"选项组中的有关功能

D．"审阅"选项卡"更改"选项组中的有关功能

12．Excel 成绩单工作表中包含 20 个学生成绩，C 列为成绩值，第一行为标题行，在不改变行列顺序的情况下，在 D 列统计成绩排名，最优的操作方法是（   ）。

    A．在 D2 单元格中输入"=RANK(C2,$C2:$C21)"，然后向下拖动该单元格的填充柄到 D21 单元格

    B．在 D2 单元格中输入"=RANK(C2,C$2:C$21)"，然后向下拖动该单元格的填充柄到 D21 单元格

    C．在 D2 单元格中输入"=RANK(C2,$C2:$C21)"，然后双击该单元格的填充柄

    D．在 D2 单元格中输入"=RANK(C2,C$2:C$21)"，然后双击该单元格的填充柄

13．在 Excel 工作表 A1 单元格中存放了某人的 18 位二代身份证号码信息，其中第 7～10 位表示出生年份。在 A2 单元格中利用公式计算该人的年龄，可使用的公式是（   ）。

    A．=YEAR(TODAY())-MID(A1,6,8)

    B．=YEAR(TODAY())-MID(A1,6,4)

    C．=YEAR(TODAY())-MID(A1,7,8)

    D．=YEAR(TODAY())-MID(A1,7,4)

14．在 Excel 工作表多个不相邻的单元格中输入相同的数据，最优的操作方法是（   ）。

    A．在其中一个位置输入数据，然后逐次将其复制到其他单元格

    B．在输入区域最左上方的单元格中输入数据，双击填充柄，将其填充到其他单元格

    C．在其中一个位置输入数据，将其复制后，利用【Ctrl】键选择其他全部输入区域，再粘贴内容

    D．同时选中所有不相邻单元格，在活动单元格中输入数据，然后按【Ctrl+Enter】组合键

15．Excel 工作表 B 列保存了 11 位手机号码信息，为了保护个人隐私，需将手机号码的后 4 位均用"*"表示，以 B2 单元格为例，可使用的公式是（   ）。

    A．=REPLACE(B2,7,4,"****")   B．=REPLACE(B2,8,4,"****")

    C．=MID(B2,7,4,"****")   D．=MID(B2,8,4,"****")

16．小李在 Excel 中整理职工档案，希望"性别"一列只能从"男""女"两个值中进行选择，否则系统提示错误信息，最优的操作方法是（   ）。

    A．通过 IF() 函数进行判断，控制"性别"列的输入内容

    B．请同事帮忙进行检查，错误内容用红色标记

    C．设置条件格式，标记不符合要求的数据

    D．设置数据有效性，控制"性别"列的输入内容

17．小谢在 Excel 工作表中计算每个员工的工作年限，每满一年计一年工作年限，最优的操作方法是（   ）。

    A．根据员工的入职时间计算工作年限，然后手动将其输入工作表中

    B．直接用当前日期减去入职日期，然后除以 365，并向下取整

    C．使用 TODAY() 函数返回值减去入职日期，然后除以 365，并向下取整

D．使用 YEAR()函数和 TODAY()函数获取当前年份，然后减去入职年份

18．在 Excel 中，如需对 A1 单元格数值的小数部分进行四舍五入运算，可使用的公式是（　　）。

A．=INT(A1)　　　　　　　　　　B．=INT(A1+0.5)

C．=ROUND(A1,0)　　　　　　　　D．=ROUNDUP(A1,0)

19．Excel 工作表 D 列保存了 18 位身份证号码信息，为了保护个人隐私，需将身份证信息的第 3、4 位和第 9、10 位用"*"表示，以 D2 单元格为例，可使用的公式是（　　）。

A．=REPLACE(D2,9,2,"**")+REPLACE(D2,3,2,"**")

B．=REPLACE(D2,3,2,"**",9,2,"**")

C．=REPLACE(REPLACE(D2,9,2,"**"),3,2,"**")

D．=MID(D2,3,2,"**",9,2,"**")

20．将 Excel 工作表 A1 单元格中的公式 SUM(B$2:C$4)复制到 B18 单元格后，原公式将变为（　　）。

A．SUM(C$19:D$19)　　　　　　　B．SUM(C$2:D$4)

C．SUM(B$19:C$19)　　　　　　　D．SUM(B$2:C$4)

21．小明希望在 Excel 的每个工作簿中输入数据时，字体、字号总能自动设为 Calibri、9 磅，最优的操作方法是（　　）。

A．先输入数据，然后选中这些数据并设置其字体、字号

B．先选中整个工作表，设置字体、字号后再输入数据

C．先选中整个工作表并设置字体、字号，之后将其保存为模板，再依据该模板创建新工作簿并输入数据

D．通过后台视图的常规选项，设置新建工作簿时默认的字体、字号，然后新建工作簿并输入数据

22．小李正在 Excel 中编辑一个包含上千人的工资表，他希望在编辑过程中总能看到标明每列数据性质的标题行，最优的操作方法是（　　）。

A．通过 Excel 的拆分窗口功能，使上方窗口显示标题行，同时在下方窗口中编辑内容

B．通过 Excel 的冻结窗格功能将标题行固定

C．通过 Excel 的新建窗口功能，创建一个新窗口，并将两个窗口水平并排显示，其中上方窗口显示标题行

D．通过 Excel 的打印标题功能设置标题行重复出现

23．老王正在 Excel 中计算员工本年度的年终奖金，他希望与存放在不同工作簿中的前 3 年奖金发放情况进行比较，最优的操作方法是（　　）。

A．分别打开前 3 年的奖金工作簿，将它们复制到同一个工作表中进行比较

B．通过全部重排功能，将 4 个工作簿平铺在屏幕上进行比较

C．通过并排查看功能，分别将今年与前 3 年的数据两两进行比较

D．打开前 3 年的奖金工作簿，需要比较时在每个工作簿窗口之间进行切换查看

24．钱经理正在审阅借助 Excel 统计的产品销售情况，他希望能够同时查看这个千行千列的超大工作表的不同部分，最优的操作方法是（　　）。

A．将该工作簿另存几个副本，然后打开并重排这几个工作簿，以分别查看不同的部分

B．在工作表合适的位置冻结拆分窗格，然后分别查看不同的部分

C．在工作表合适的位置拆分窗口，然后分别查看不同的部分

D．在工作表中新建几个窗口，重排窗口后在每个窗口中查看不同的部分

25．小王要将一份通过 Excel 整理的调查问卷统计结果送交经理审阅，这份调查表包含统计结果和中间数据两个工作表。他希望经理无法看到其存放中间数据的工作表，最优的操作方法是（　　）。

A．将存放中间数据的工作表删除

B．将存放中间数据的工作表移到其他工作簿保存

C．将存放中间数据的工作表隐藏，然后设置保护工作表隐藏

D．将存放中间数据的工作表隐藏，然后设置保护工作簿结构

26．小韩在 Excel 中制作了一份通讯录，并为工作表数据区域设置了合适的边框和底纹，她希望工作表中默认的灰色网格线不再显示，最快捷的操作方法是（　　）。

A．在"页面设置"对话框中设置不显示网格线

B．在"页面布局"选项卡"工作表选项"选项组中设置不显示网格线

C．在后台视图的"高级"选项下，设置工作表不显示网格线

D．在后台视图的"高级"选项下，设置工作表网格线为白色

27．在 Excel 工作表中输入大量数据后，若要在该工作表中选择一个连续且较大范围的特定数据区域，最快捷的方法是（　　）。

A．选中该数据区域的某一个单元格，然后按【Ctrl+A】组合键

B．单击该数据区域的第一个单元格，按住【Shift】键不放，再单击该区域的最后一个单元格

C．单击该数据区域的第一个单元格，按【Ctrl+Shift+End】组合键

D．用鼠标直接在数据区域中拖动完成选择

28．小陈在 Excel 中对产品销售情况进行分析，他需要选择不连续的数据区域作为创建分析图表的数据源，最优的操作方法是（　　）。

A．直接拖动鼠标选择相关的数据区域

B．按住【Ctrl】键不放，拖动鼠标依次选择相关的数据区域

C．按住【Shift】键不放，拖动鼠标依次选择相关的数据区域

D．在名称框中分别输入单元格区域地址，中间用西文半角逗号分隔

29．赵老师在 Excel 中为 400 位学生每人制作了一个成绩条，每个成绩条之间有一个空行分隔。他希望同时选中所有成绩条及空行分隔，最快捷的操作方法是（　　）。

A．直接在成绩条区域中拖动鼠标进行选择

B．单击成绩条区域的某一个单元格，然后按【Ctrl+A】组合键两次

C．单击成绩条区域的第一个单元格，然后按【Ctrl+Shift+End】组合键

D．单击成绩条区域的第一个单元格，按住【Shift】键不放，再单击该区域的最后一个单元格

30．小曾希望对 Excel 工作表的 D、E、F 这 3 列设置相同的格式，同时选中这 3 列的最快捷的操作方法是（　　）。

A．用鼠标直接在 D、E、F 这 3 列的列号上拖动完成选择

B．在名称框中输入地址"D:F"，按【Enter】键完成选择

C．在名称框中输入地址"D,E,F"，按【Enter】键完成选择

D．按住【Ctrl】键不放，依次单击 D、E、F 这 3 列的列号

第 7 章

PowerPoint

1．如需将 PowerPoint 演示文稿中的 SmartArt 图形列表内容通过动画效果一次性展现出来，最优的操作方法是（　　）。

  A．将 SmartArt 动画效果设置为"整批发送"

  B．将 SmartArt 动画效果设置为"一次按级别"

  C．将 SmartArt 动画效果设置为"逐个"

  D．将 SmartArt 动画效果设置为"逐个按级别"

2．在 PowerPoint 演示文稿中通过分节组织幻灯片，如果要选中某一节内的所有幻灯片，最优的操作方法是（　　）。

  A．按【Ctrl+A】组合键

  B．选中该节的一张幻灯片，然后按住【Ctrl】键，逐个选中该节的其他幻灯片

  C．选中该节的第一张幻灯片，然后按住【Shift】键，单击该节的最后一张幻灯片

  D．单击节标题

3．小梅需将 PowerPoint 演示文稿内容制作成一份 Word 版本讲义，以便后续可以灵活地编辑及打印，最优的操作方法是（　　）。

  A．将演示文稿另存为"大纲/RTF 文件"格式，然后在 Word 中打开

  B．在 PowerPoint 中利用"创建讲义"功能，直接创建 Word 讲义

  C．将演示文稿中的幻灯片以粘贴对象的方式一张张地复制到 Word 文档中

  D．切换到演示文稿的"大纲"视图，将大纲内容直接复制到 Word 文档中

4．小刘正在整理公司各产品线介绍的 PowerPoint 演示文稿，因幻灯片内容较多，不易对各产品线演示内容进行管理。快速分类和管理幻灯片的最优操作方法是（　　）。

  A．将演示文稿拆分成多个文档，按每个产品线生成一份独立的演示文稿

  B．为不同的产品线幻灯片分别指定不同的设计主题，以便浏览

  C．利用自定义幻灯片放映功能，将每个产品线定义为独立的放映单元

  D．利用节功能，将不同的产品线幻灯片分别定义为独立节

5．小韩在校园活动中拍摄了很多数码照片，现需将这些照片整理到一个 PowerPoint 演示文稿中，快速制作的最优操作方法是（　　）。

  A．创建一个 PowerPoint 相册文件

  B．创建一个 PowerPoint 演示文稿，然后批量插入图片

  C．创建一个 PowerPoint 演示文稿，然后在每张幻灯片中插入图片

  D．在文件夹中选中所有照片，然后右击，执行快捷菜单中的命令直接发送到 PowerPoint 演示文稿中

6．如果需要在一个演示文稿的每张幻灯片左下角的相同位置插入学校的校徽图片，最优的操作方法是（　　）。

　　A．打开幻灯片母版视图，将校徽图片插入母版中

　　B．打开幻灯片普通视图，将校徽图片插入幻灯片中

　　C．打开幻灯片放映视图，将校徽图片插入幻灯片中

　　D．打开幻灯片浏览视图，将校徽图片插入幻灯片中

7．小李利用 PowerPoint 制作产品宣传方案，并希望在演示时能够满足不同对象的需要，处理该演示文稿的最优操作方法是（　　）。

　　A．制作一份包含适合所有人群的全部内容的演示文稿，每次放映时按需要进行删减

　　B．制作一份包含适合所有人群的全部内容的演示文稿，放映前隐藏不需要的幻灯片

　　C．制作一份包含适合所有人群的全部内容的演示文稿，然后利用自定义幻灯片放映功能创建不同的演示方案

　　D．针对不同的人群，分别制作不同的演示文稿

8．江老师使用 Word 编写完成了课程教案，需根据该教案创建 PowerPoint 课件，最优的操作方法是（　　）。

　　A．参考 Word 教案，直接在 PowerPoint 中输入相关内容

　　B．在 Word 中直接将教案大纲发送到 PowerPoint

　　C．从 Word 文档中复制相关内容到幻灯片中

　　D．通过插入对象方式将 Word 文档内容插入幻灯片中

9．小姚负责新员工的入职培训，在培训演示文稿中需要制作公司的组织结构图，在 PowerPoint 中最优的操作方法是（　　）。

　　A．通过插入 SmartArt 图形制作组织结构图

　　B．直接在幻灯片的适当位置通过绘图工具绘制组织结构图

　　C．通过插入图片或对象的方式，插入在其他程序中制作好的组织结构图

　　D．先在幻灯片中分级输入组织结构图的文字内容，然后将文字转换为 SmartArt 组织结构图

10．李老师用 PowerPoint 制作课件，她希望将学校的徽标图片放在除标题页之外的所有幻灯片右下角，并为其指定一个动画效果，最优的操作方法是（　　）。

　　A．先在一张幻灯片上插入徽标图片，并设置动画，然后将该徽标图片复制到其他幻灯片上

　　B．分别在每一张幻灯片上插入徽标图片，并分别设置动画

　　C．先制作一张幻灯片并插入徽标图片，为其设置动画，然后多次复制该张幻灯片

　　D．在幻灯片母版中插入徽标图片，并为其设置动画

11．PowerPoint 演示文稿包含 20 张幻灯片，需要放映奇数页幻灯片，最优的操作方法是（　　）。

　　A．将演示文稿的偶数页幻灯片删除后再放映

　　B．将演示文稿的偶数页幻灯片设置为隐藏后再放映

　　C．将演示文稿的所有奇数页幻灯片添加到自定义放映方案中，然后放映

D．设置演示文稿的偶数页幻灯片的换片持续时间为 0.01 秒，自动换片时间为 0 秒，然后放映

12．将一个 PowerPoint 演示文稿保存为放映文件，最优的操作方法是（　　　）。

A．选择"文件"→"保存并发送"命令，将演示文稿打包成可自动放映的 CD

B．将演示文稿另存为.ppsx 文件格式

C．将演示文稿另存为.potx 文件格式

D．将演示文稿另存为.pptx 文件格式

13．李老师制作完成了一个带有动画效果的 PowerPoint 教案，她希望在课堂上可以按照自己讲课的节奏自动播放，最优的操作方法是（　　　）。

A．为每张幻灯片设置特定的切换持续时间，并将演示文稿设置为自动播放

B．在练习过程中，利用"排练计时"功能记录适合的幻灯片切换时间，然后播放即可

C．根据讲课节奏，设置幻灯片中每一个对象的动画时间，以及每张幻灯片的自动换片时间

D．将 PowerPoint 教案另存为视频文件

14．若需在 PowerPoint 演示文稿的每张幻灯片中添加包含单位名称的水印效果，最优的操作方法是（　　　）。

A．制作一个带单位名称的水印背景图片，然后将其设置为幻灯片背景

B．添加包含单位名称的文本框，并置于每张幻灯片的底层

C．在幻灯片母版的特定位置放置包含单位名称的文本框

D．利用 PowerPoint 中的"水印"功能实现

15．邱老师在学期总结 PowerPoint 演示文稿中插入了一个 SmartArt 图形，她希望将该 SmartArt 图形的动画效果设置为逐个形状播放，最优的操作方法是（　　　）。

A．为该 SmartArt 图形选择一个动画类型，然后进行适当的动画效果设置

B．只能将 SmartArt 图形作为一个整体设置动画效果，不能分开指定

C．先将该 SmartArt 图形取消组合，然后为每个形状依次设置动画

D．先将该 SmartArt 图形转换为形状，然后取消组合，再为每个形状依次设置动画

16．小江在制作公司产品介绍的 PowerPoint 演示文稿时，希望每类产品可以通过不同的演示主题进行展示，最优的操作方法是（　　　）。

A．为每类产品分别制作演示文稿，每份演示文稿均应用不同的主题

B．为每类产品分别制作演示文稿，每份演示文稿均应用不同的主题，然后将这些演示文稿合并

C．在演示文稿中选中每类产品所包含的所有幻灯片，分别为其应用不同的主题

D．通过 PowerPoint 中的"主题分布"功能，直接应用不同的主题

17．如需在 PowerPoint 演示文稿的一张幻灯片后增加一张新幻灯片，最优的操作方法是（　　　）。

A．执行"文件"选项卡中的"新建"命令

B．执行"插入"选项卡中的"插入幻灯片"命令

C．执行"视图"选项卡中的"新建窗口"命令

D．在普通视图左侧的幻灯片缩略图中按【Enter】键

18．在 PowerPoint 中关于表格的叙述，错误的是（　　　）。

A．在幻灯片浏览视图模式下，不可以向幻灯片中插入表格

B．只要将光标定位到幻灯片中的表格，即可显示出"表格工具"选项卡

C．可以为表格设置图片背景

D．不能在表格单元格中插入斜线

19．设置 PowerPoint 演示文稿中的 SmartArt 图形动画，要求一个分支形状展示完成后再展示下一个分支形状内容，最优的操作方法是（　　　）。

A．将 SmartArt 动画效果设置为"整批发送"

B．将 SmartArt 动画效果设置为"一次按级别"

C．将 SmartArt 动画效果设置为"逐个"

D．将 SmartArt 动画效果设置为"逐个按级别"

20．在 PowerPoint 演示文稿中通过分节组织幻灯片，如果要求一节内的所有幻灯片切换方式一致，最优的操作方法是（　　　）。

A．分别选中该节的每一张幻灯片，逐个设置其切换方式

B．选中该节的一张幻灯片，然后按住【Ctrl】键，逐个选中该节的其他幻灯片，再设置切换方式

C．选中该节的第一张幻灯片，然后按住【Shift】键，单击该节的最后一张幻灯片，再设置切换方式

D．单击节标题，再设置切换方式

21．针对 PowerPoint 幻灯片中图片对象的操作，描述错误的是（　　　）。

A．可以在 PowerPoint 中直接删除图片对象的背景

B．可以在 PowerPoint 中直接将彩色图片转换为黑白图片

C．可以在 PowerPoint 中直接将图片转换为铅笔素描效果

D．可以在 PowerPoint 中将图片另存为.psd 文件格式

22．在 PowerPoint 中，可以通过分节来组织演示文稿中的幻灯片，在幻灯片浏览视图中选中一节中所有幻灯片的最优方法是（　　　）。

A．单击节名称即可

B．按住【Ctrl】键不放，依次单击节中的幻灯片

C．选择节中的第 1 张幻灯片，按住【Shift】键不放，再单击节中的最后一张幻灯片

D．直接拖动鼠标选择节中的所有幻灯片

23．在 PowerPoint 中，可以通过多种方法创建一张新幻灯片，下列操作方法错误的是（　　　）。

A．在普通视图的幻灯片缩略图窗格中，定位光标后按【Enter】键

B．在普通视图的幻灯片缩略图窗格中右击，在弹出的快捷菜单中选择"新建幻灯片"命令

C．在普通视图的幻灯片缩略图窗格中定位光标，单击"开始"选择卡中的"新建幻灯片"按钮

D．在普通视图的幻灯片缩略图窗格中定位光标，单击"插入"选择卡中的"幻灯片"按钮

24．如果希望每次打开 PowerPoint 演示文稿时，窗口都处于幻灯片浏览视图状态，最优的操作方法是（　　　）。

A．通过"视图"选项卡中的"自定义视图"按钮进行指定

B．每次打开演示文稿后，通过"视图"选项卡切换到幻灯片浏览视图

C．每次保存并关闭演示文稿前，通过"视图"选项卡切换到幻灯片浏览视图

D．在后台视图中，通过高级选项设置用幻灯片浏览视图打开全部文档

25．小马正在制作有关员工培训的新演示文稿，他想借鉴自己以前制作的某个培训文稿中的部分幻灯片，最优的操作方法是（　　　）。

A．将原演示文稿中有用的幻灯片一一复制到新文稿

B．放弃正在编辑的新文稿，直接在原演示文稿中进行增删修改，并另行保存

C．通过"重用幻灯片"功能将原文稿中有用的幻灯片引用到新文稿中

D．单击"插入"选项卡中的"对象"按钮，插入原文稿中的幻灯片

26．在 PowerPoint 演示文稿中，利用"大纲"窗格组织、排列幻灯片中的文字时，输入幻灯片标题后进入下一级文本输入状态的最快捷方法是（　　　）。

A．按【Ctrl+Enter】组合键

B．按【Shift+Enter】组合键

C．按【Enter】键后，从右键快捷菜单中选择"降级"命令

D．按【Enter】键后，再按【Tab】键

27．在 PowerPoint 普通视图中编辑幻灯片时，需将文本框中的文本级别由第二级调整为第三级，最优的操作方法是（　　　）。

A．在文本最右边添加空格形成缩进效果

B．当光标位于文本最右边时按【Tab】键

C．在段落格式中设置文本之前的缩进距离

D．当光标位于文本中时，单击"开始"选项卡中的"提高列表级别"按钮

28．在 PowerPoint 中制作演示文稿时，希望将所有幻灯片中标题的中文字体和英文字体分别统一为微软雅黑和 Arial，正文的中文字体和英文字体分别统一为仿宋和 Arial，最优的操作方法是（　　　）。

A．在幻灯片母版中通过"字体"对话框分别设置占位符中的标题和正文字体

B．在一张幻灯片中设置标题、正文字体，然后通过格式刷应用到其他幻灯片的相应部分

C．通过"替换字体"功能快速设置字体

D．通过自定义主题字体进行设置

29．小李利用 PowerPoint 制作一份学校简介的演示文稿，他希望将学校外景图片铺满每张幻灯片，最优的操作方法是（　　　）。

A．在幻灯片母版中插入该图片，并调整大小及排列方式

B．将该图片文件作为对象插入全部幻灯片中

C．将该图片作为背景插入并应用到全部幻灯片中

D．在一张幻灯片中插入该图片，调整大小及排列方式，然后复制到其他幻灯片

30．小明利用 PowerPoint 制作一份考试培训的演示文稿，他希望在每张幻灯片中添加包含"样例"文字的水印效果，最优的操作方法是（　　　）。

A．通过"插入"选项卡中的"插入水印"功能输入文字并设置版式

B．在幻灯片母版中插入包含"样例"两个字的文本框，并调整其格式及排列方式

C．将"样例"两个字制作成图片，再将该图片作为背景插入并应用到全部幻灯片中

D．在一张幻灯片中插入包含"样例"两个字的文本框，然后复制到其他幻灯片

第 2 部分　实　验　指　导

　　本部分的内容为学生上机实验指导，根据教学目标设计，帮助学生熟悉和掌握 Office 2016 组件的主要知识点和具体的实践操作方法。每个实验都给出了详细的操作步骤及实验结果。设计实验指导部分的目的是提高学生对 Office 2016 的实际操作能力，更好地开展计算机在各个学科领域的高级应用，使学生熟练掌握全国计算机等级考试二级 MS Office 高级应用上机部分的内容。

实验 1

Windows 7 基础操作

一、实验目的

1) 观察计算机主机和显示器的外观,熟悉计算机的外貌特征。
2) 掌握键盘和鼠标的规范操作。
3) 掌握一种常用输入法,提高文字输入速度。
4) 熟悉 Windows 7 操作系统的基本操作。
5) 掌握 Windows 7 操作系统资源管理器中对文件和文件夹的操作。
6) 掌握 Windows 7 操作系统控制面板中常规项目的设置方法。
7) 掌握 Windows 7 操作系统汉字输入法的安装及其使用方法。
8) 掌握 Windows 7 操作系统附件中自带的实用程序的使用方法。
9) 了解 Windows 7 操作系统中画图与计算器工具的使用方法。

二、实验内容及步骤

1. 观察计算机的外观

观察上机实验所使用的计算机,注意主机和显示器所在的位置。在主机箱的面板上找到启动计算机的电源按钮【Power】,观察其颜色和外观。如果计算机尚未启动,可按一下电源按钮【Power】启动计算机。

2. 观察计算机的启动过程

观察计算机启动过程中屏幕上显示的信息。在正常的情况下,稍等片刻,计算机将启动后进入 Windows 7 操作系统或其他操作系统的桌面。

3. 观察计算机操作系统的桌面

观察当前计算机操作系统桌面上出现的内容,指出"计算机""回收站"等图标及"开始"按钮和任务栏所在的位置。

4. 熟悉鼠标的使用方法

鼠标操作有单击、双击、按住左键拖动、右击等。尝试对桌面上的"计算机"图标对象进行上述鼠标操作,注意观察计算机对不同鼠标操作产生的响应。

5. 键盘打字练习

（1）正确的击键姿势

初学键盘输入时，首先必须注意的是击键的姿势；如果击键姿势不当，就不能做到准确、快速地输入，也容易疲劳。正确的操作姿势如下。

1）身体应保持笔直，稍偏于键盘右方。

2）应将全身重量置于座椅上，座椅调整到便于手指操作的高度，两脚平放。

3）两肘轻轻贴于腋边，手指轻放于基准键位上，手腕平直。人与键盘之间的距离，可通过移动座椅或键盘的位置来调节，要求调节到人能保持正确的击键姿势。

（2）基准键位及其与手指的对应关系

1）基准键位于键盘的第 2 行，共有 8 个键，它们分别是【A】、【S】、【D】、【F】、【J】、【K】、【L】和【;】键，如图 1.1 所示。

图 1.1　基准键位图

在不打字和打字的间隙，应该使各手指都停留在基准键上方。【F】键和【J】键表面有凸起，方便用户定位这两个键。

2）各个手指负责的键位如图 1.2 所示。

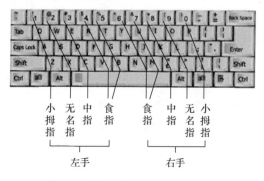

图 1.2　各个手指负责的键位示意图

（3）空格与回车符的输入

使用右手大拇指输入空格符，使用右手的小拇指输入回车符。输入完成后，相应的手指要返回基准键位。

（4）键盘指法分区

键盘的指法分区如图 1.2 所示，凡斜线范围内的键位，都必须由相应的手指负责管理，这样便于操作和记忆。只有键盘操作方法规范，并加强练习，才能提高打字速度。

6. 键盘指法训练软件的使用

在计算机的 C 盘根目录下找到"键盘指法训练软件.exe"文件，双击该文件，进入键盘指法训练操作界面，如图 1.3 所示。该软件提供了指法姿势教程、打字测试、小键盘专项练习等功能，特别适用于初学打字或想规范掌握输入法的学习者。

图 1.3　键盘指法训练操作界面

7. 金山打字游戏 2010 软件

单击"开始"按钮，在弹出的"开始"菜单中选择"所有程序"命令，然后在弹出的菜单中选择"金山打字游戏 2010"文件夹中的"金山打字游戏 2010"命令，进入金山打字游戏 2010 软件的操作界面，如图 1.4 所示。这款打字软件提供了 5 种有趣的游戏供学习者进行指法练习，使学习者在玩游戏的氛围中掌握打字技巧，提高文字输入速度。每一种游戏的操作技巧是，在限定时间内输入指定字符或单词。只有掌握好眼睛、手指击键的协调运用，才能轻松过关。建议指法比较生疏的学习者每次上课或每天抽出一定时间进行指法练习，长久坚持必能提高键盘输入速度和准确率。

图 1.4　金山打字游戏 2010 软件的操作界面

8. Windows 7 操作系统的基本操作

（1）熟练掌握鼠标的操作方法

右击或按住鼠标右键拖动都会弹出快捷菜单。按住鼠标右键拖动弹出的快捷菜单，如图 1.5 所示。

（2）进行窗口操作

1）移动窗口。利用鼠标拖动蓝色的窗口标题栏。

2）将鼠标指针移动到窗口的边界，当鼠标指针变成

图 1.5　鼠标右键拖动

双向箭头时拖动鼠标，适当调整窗口的大小，使滚动滑块出现，然后拖动滚动滑块查看窗口中的内容。

3）分别单击"最小化"按钮、"最大化/还原"按钮、"关闭"按钮将窗口最小化、最大化（还原）、关闭。

（3）排列桌面图标

在桌面非任务栏的空白处右击，在弹出的快捷菜单中选择"查看"命令，在弹出的级联菜单中选择"大图标"命令，观察设置结果。若在快捷菜单中选择"排序方式"级联菜单中的"名称"命令，则所有图标按名称进行排列。

（4）设置桌面背景和屏幕保护程序

1）桌面背景的设置。在桌面非任务栏的空白处右击，在弹出的快捷菜单中选择"个性化"命令，打开如图 1.6 所示的"个性化"窗口。在此窗口中可以更改桌面的显示效果，包括桌面主题、桌面背景、屏幕保护程序、窗口颜色及一些更高级的设置。

在"个性化"窗口中，单击"桌面背景"超链接，用户可以利用系统自带的背景图片和自定义图片两种方法进行设置。

2）屏幕保护程序的设置。单击"屏幕保护程序"超链接，弹出"屏幕保护程序设置"对话框，如图 1.7 所示，用户可以利用系统自带的屏幕保护程序和自定义图片两种方法进行设置。

图 1.6　"个性化"窗口

图 1.7　"屏幕保护程序设置"对话框

（5）设置任务栏

在任务栏空白处右击，在弹出的快捷菜单中选择"属性"命令，弹出"任务栏和「开始」菜单属性"对话框，练习自定义任务栏操作。"任务栏和「开始」菜单属性"对话框中有 3 个选项卡，读者可自行修改并查看效果，如图 1.8 所示。

（6）在桌面上创建启动"控制面板"的快捷方式图标

单击"开始"按钮，在弹出的"开始"菜单中右击"控制面板"命令，在弹出的快捷菜单中选择"在桌面上显示"命令即可。

（7）使用"帮助和支持"

通过"帮助和支持"命令，可获取自己感兴趣的帮助信息。单击"开始"按钮，在弹出的"开始"菜单中选择"帮助和支持"命令，打开其窗口，在"搜索帮助"文本框中输入"快捷键"，然后单击"搜索帮助"按钮，则系统会给出所有与关键字"快捷键"有关的搜索结果。用户可以通过单击这些结果来查看进一步的内容。

（8）设置语言栏

在语言栏上右击，在弹出的快捷菜单中选择"设置"命令，弹出"文本服务和输入语言"对话框，如图 1.9 所示，在对话框中可以对语言进行设置。

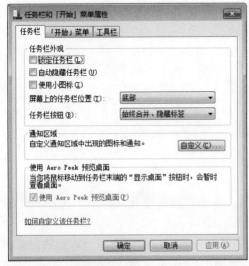

图 1.8 "任务栏和「开始」菜单属性"对话框　　图 1.9 "文本服务和输入语言"对话框

（9）使用任务管理器

在任务栏上右击，在弹出的快捷菜单中选择"启动任务管理器"命令，或按【Ctrl+Alt+Delete】组合键，在打开的界面中单击"启动任务管理器"按钮，都可以打开"Windows 任务管理器"窗口，如图 1.10 所示。

使用任务管理器的具体操作如下。

1）单击"开始"按钮，在弹出的"开始"菜单中选择"所有程序"命令，在弹出的菜单中选择"附件"文件夹中的"画图"命令，再打开"Windows 任务管理器"窗口，查看并记录系统当前的进程数。

2）在"Windows 任务管理器"窗口的"应用程序"列表框中选择"画图"程序，单击"结束任务"按钮，即可终止"画图"程序的运行。

9. Windows 资源管理器窗口的使用

通过"计算机"窗口可以组织和管理计算机的软硬件资源，包括查看系统信息、显示磁盘信息及内容、打开控制面板和修改计算机设置等。Windows 资源管理器窗口和"计算机"窗口功能相同，但显

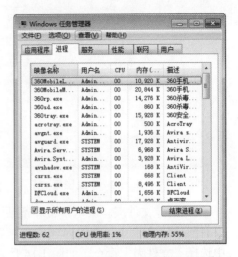

图 1.10 "Windows 任务管理器"窗口

示内容略有不同。为了更快地查看计算机上的文件和文件夹，可选择使用 Windows 资源管理器窗口。单击桌面任务栏上的"Windows 资源管理器"图标，打开如图 1.11 所示的窗口，然后进行以下操作。

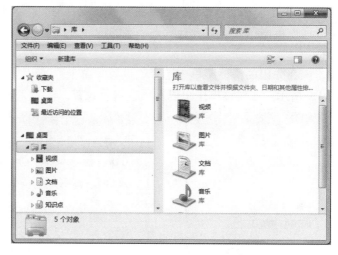

图 1.11　Windows 资源管理器窗口

1）观察 Windows 资源管理器窗口的组成。

2）改变文件和文件夹的显示方式及排序方式，观察相应的变化（提示：选择"查看"菜单，然后在其下拉列表中选择合适的命令即可）。

3）查看文件和文件夹的属性。在 Windows 资源管理器窗口左侧选择"本地磁盘(C:)"选项，则在窗口右侧会显示 C 盘中包含的内容，如图 1.12 所示；在"Program Files"文件夹上右击，然后在弹出的快捷菜单中选择"属性"命令，查看这个文件夹的属性，如图 1.13 所示。

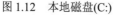

图 1.12　本地磁盘(C:)

图 1.13　查看文件夹属性

4）创建文件夹。在 Windows 资源管理器窗口左侧选择"本地磁盘(D:)"选项，则在窗口右侧显示 D 盘中包含的内容，选择"文件"菜单中的"新建"命令，在弹出的级联菜单中选择"文件夹"命令，如图 1.14 所示，并将新建的文件夹命名为"LX"。然后参考上述步骤，在"LX"文件夹下建立名为"SUB"的子文件夹。

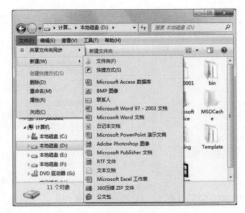

图 1.14　新建文件夹

5）创建文件。在 Windows 资源管理器中打开"LX"文件夹，然后选择"文件"菜单中的"新建"命令，在弹出的级联菜单中选择"文本文档"命令，并将新建的文本文档命名为"我的文件"。

注意

如果文件显示了扩展名，不要删除其扩展名。

6）复制文件。选中 C:\Windows 文件夹中的任意 4 个类型为"文本文件"的文件，右击，在弹出的快捷菜单中选择"复制"命令；然后在 D:\LX 文件夹下右击，在弹出的快捷菜单中选择"粘贴"命令，即可完成文件的复制操作。

7）移动文件。在 D:\LX 文件夹下选择一个文本文件，右击，在弹出的快捷菜单中选择"剪切"命令；然后在 D:\LX\SUB 文件夹下右击，在弹出的快捷菜单中选择"粘贴"命令，即可将 D:\LX 文件夹中的一个文件移动到 SUB 子文件夹中。

8）删除 SUB 子文件夹，然后将其恢复。右击 SUB 子文件夹，在弹出的快捷菜单中选择"删除"命令，即可将该文件夹删除。

若要恢复该文件夹，则打开桌面上的回收站，找到已删除的文件夹，右击，在弹出的快捷菜单中选择"还原"命令即可。

9）重命名文件。在 D:\LX 文件夹下选择"我的文件.txt"文件，右击，在弹出的快捷菜单中选择"重命名"命令，即可将"我的文件.txt"文件重命名为"mydocument.txt"。

10．"控制面板"的使用

（1）日期和时间的设置

单击"开始"按钮，在弹出的"开始"菜单中选择"控制面板"命令，打开"控制面板"窗口，单击"时钟、语言和区域"超链接，在打开的窗口中单击"设置时间和日期"超链接，弹出如图 1.15 所示的"日期和时间"对话框。选择相应项目进行修改，更改完毕后单击"确定"按钮。

（2）鼠标的设置

在"控制面板"窗口中单击"外观和个性化"超链接，在打开的窗口中单击"个性化"超链接，再在打开的窗口中单击"更改鼠标指针"超链接，弹出"鼠标 属性"对话框，如图 1.16 所示。适当调整鼠标指针速度，并按自己的喜好选择是否显示鼠标指针的轨迹及调整鼠标指针的形状，然后测试鼠标的双击速度，最后恢复初始设置。

图 1.15　"日期和时间"对话框

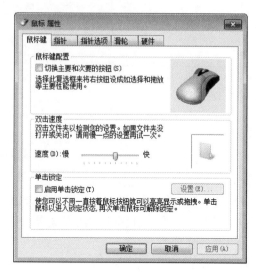

图 1.16　"鼠标 属性"对话框

（3）系统属性的查看

在"控制面板"窗口中单击"系统和安全"超链接，打开"系统和安全"窗口，单击"系统"超链接，可以显示当前计算机的基本信息，如图 1.17 所示。单击"高级系统设置"超链接，弹出"系统属性"对话框，如图 1.18 所示。单击"硬件"选项卡中的"设备管理器"按钮，在弹出的"设备管理器"对话框中可以查看所有硬件信息。

注意

初学者不宜修改系统属性。

图 1.17　查看计算机的基本信息

图 1.18　"系统属性"对话框

11. 汉字输入法的安装及使用

汉字输入方法是以拼音为基础的输入方法。这里以搜狗中文输入法为例，介绍其使用方法。单击屏幕右下角的语言栏上的"中文"图标，选择搜狗中文输入法，其状态栏如图 1.19 所示。其中，状态栏中各项分别代表"中/英文""全/半角""中/英文标点""输入方式""皮肤盒子""工具箱"。

图 1.19　搜狗中文输入法

下面列出搜狗中文输入法的一些使用方法。

1）全拼输入是拼音输入法中最基本的输入方式。只要按【Ctrl+Shift】组合键切换到搜狗输入法，在输入窗口输入拼音即可，如图 1.20 所示。按【Enter】键，即可输入第一个词。默认的翻页键是【,】和【。】。

图 1.20　搜狗全拼输入

2）简拼是通过输入声母或声母的首字母来进行输入的一种方式，有效利用简拼可以大大提高输入的效率。搜狗输入法现在支持声母简拼和声母的首字母简拼。例如，若要输入"计算机"，只需要输入计算机的简拼"jsj"即可。

3）中英文输入状态切换。输入法默认是按【Shift】键在中文输入状态和英文输入状态之间进行切换。单击状态栏上面的"中"字图标也可以切换输入状态。

除切换到英文输入状态输入英文外，搜狗输入法也支持回车输入英文和 V 模式输入英文。在输入较短的英文时使用能省去切换到英文输入状态的麻烦。具体使用方法如下。

① 回车输入英文：在中文输入状态下输入英文，然后按【Enter】键即可。

② V 模式输入英文：先输入"V"，然后输入需要输入的英文，可以包含@、+、*、/、－等符号，然后按【Space】键即可。

4）全角半角切换。英文字母、数字和键盘上出现的其他非控制字符有全角和半角之分，全角字符是指西文字符占一个汉字位。单击"全/半角"按钮，满月为全角，半月为半角。

5）网址输入模式是特别为网络设计的便捷功能，在中文输入状态下即可输入大多数的网址。规则是输入以 www、http:、ftp:、telnet:、mailto:等开头的字母时，自动识别进入英文输入状态，后面可以输入 www.sogou.com 和 ftp://sogou.com 类型的网址，如图 1.21 所示。

图 1.21　搜狗网址输入模式

6）生僻字的输入。当需要输入一些不知道读音的生僻字时，搜狗输入法提供了便捷的拆分输入法，可化繁为简，轻松地输入生僻的汉字，即直接输入生僻字的组成部分的拼音即可，如图 1.22 和图 1.23 所示。

bu'yao	6.甂(biáo)
1.不要　2.补药　3.不摇　4.不妖　5.不咬 ‹ ›

图 1.22　生僻汉字"甂"的输入

niu'niu'niu	6.犇(bēn)
1.扭扭扭　2.妞妞妞　3.牛牛　4.妞妞　5.扭扭 ‹ ›

图 1.23　生僻汉字"犇"的输入

7）快速输入表情及其他特殊符号。搜狗输入法提供了丰富的表情、特殊符号库及字符画，不仅可在候选项上进行选择，还可以单击上方的提示，进入表情和符号输入专用面板，随意选择喜欢的表情、符号、字符画，如图 1.24 所示。

ha'ha	6.更多搜狗表情...
1.哈哈　2.^_^　3.哈　4.蛤　5.0(∩_∩)0哈哈~ ‹ ›

图 1.24　快速输入表情

8）显示天气预报。搜狗输入法结合输入法的特点，附带一些极为实用的功能。例如，输入"天气""今天天气""天气预报"等相关词汇时，会显示相应的天气信息，如图 1.25 所示。

9）显示节日、节气信息。与天气查询功能类似，当用户输入中秋节、春节等传统节日或二十四节气时，搜狗输入法会显示对应的日期和星期，如图 1.26 所示。另外，若输入"去年春节"或"明年腊八"，它也能推算出对应的信息。

图 1.25　显示天气预报　　　　　　　　　图 1.26　显示节日信息

12. Windows 7 操作系统"附件"中实用程序的使用

（1）写字板的使用

单击"开始"按钮，在弹出的"开始"菜单中选择"所有程序"命令，在弹出的菜单中选择"附件"文件夹中的"写字板"命令，打开"写字板"窗口，输入如图 1.27 所示的文字，并完成下列操作。

王经理：
附上文档，如有疑问，请来电。
开放式工作环境，可任意加挂软件。
虽然全能影像工作室细心地包含了不同功能的应用软件，然而你仍旧可以任意地加挂你惯用的特定软件。这些老朋友的加入，使您在使用全能影像工作室时可以立即上手，不必担心会因为学习软件而影响您的工作效率，而开放式工作环境的概念也赋予全能影像工作室对未来的软件开发无限的包容能力。

图 1.27　输入文字

1）在信的末尾插入日期和时间。

2）在信的任意位置插入一幅图画。选择"主页"菜单中的"图片"命令，在弹出的"选择图片"对话框中选择一幅图片。

3）将"王经理"3 个字改为宋体、三号红色粗体字。

4）选择"文件"菜单中的"保存"命令，在弹出的"保存为"对话框中设置文件名为"LETTER"，并将文件保存在"我的文档"文件夹中。

（2）截图工具的使用

Windows 7 操作系统自带的截图工具用于帮助用户截取屏幕上的图像，并且可以对截取的图像进行编辑。

1）新建截图。单击"开始"按钮，在弹出的"开始"菜单中选择"所有程序"命令，在弹出的菜单中选择"附件"文件夹中的"截图工具"命令，打开如图 1.28 所示的"截图工具"窗口。

单击"新建"按钮，选择要截取图片的起始位置，然后按住鼠标左键不放，拖动选择要截取的图像区域，释放鼠标左键即可完成截图。

图 1.28　"截图工具"窗口

2）编辑截图。截图工具带有简单的图像编辑功能，如

图 1.29 所示。单击"复制"按钮，可以复制图像；单击"笔"按钮，可以使用画笔功能绘制图形或书写文字；单击"荧光笔"按钮，可以绘制和书写具有荧光效果的图形和文字；单击"橡皮擦"按钮，可以擦除用笔和荧光笔绘制的图形。

3）保存截图。若要将截取的图片保存到计算机中，可选择"文件"菜单中的"另存为"命令，在弹出的"另存为"对话框中输入文件名，再单击"保存"按钮即可。

（3）画图工具的使用

单击"开始"按钮，在弹出的"开始"菜单中选择"所有程序"命令，在弹出的菜单中选择"附件"文件夹中的"画图"命令，启动 Windows

图 1.29　编辑截图窗口

画图程序绘制一幅图像，并通过"文件"菜单中的"保存"命令将该图像保存到本地硬盘中。

（4）计算器的使用

计算器分为标准计算器和科学计算器两种，标准计算器可以完成日常工作中简单的算术运算，科学计算器可以完成较为复杂的科学运算，如函数运算等。

单击"开始"按钮，在弹出的"开始"菜单中选择"所有程序"命令，在弹出的菜单中选择"附件"文件夹中的"计算器"命令，即可打开"计算器"窗口，系统默认为标准计算器。

选择"查看"菜单中的"科学型"命令，即可打开科学型计算器的界面。科学型计算器可以进行一些函数的运算，使用时要先确定运算的单位，在数字区输入数值，然后选择函数运算符，再单击"="按钮，即可得到结果。

使用计算器可以进行四则运算、混合计算、立方运算、数制转换、统计运算及日期计算等。将以下运算结果记录下来，并写在实验报告上。

1）选择"查看"菜单中的"科学型"命令，打开科学型计算器的界面，如图 1.30 所示，然后进行以下计算。

四则运算：计算$(56+42-21.4)\times13\div2.5$ 的值。

立方运算：计算 26^3 的值。

混合计算：计算 $35.6\times128.5+2\sin\dfrac{4\pi}{3}-\ln5$ 的值。

2）选择"查看"菜单中的"程序员"命令，打开程序员计算器的界面，如图 1.31 所示，然后进行二进制、八进制、十进制、十六进制之间的任意转换。例如，将十进制数 69 转换为二进制数，首先在计算器中输入 69，然后选中"二进制"单选按钮，计算器就会输出对应的二进制数。

利用计算器对下列各数进行数制转换。

$(192)_{10}$=(　　　　　)$_2$=(　　　　　)$_8$=(　　　　　)$_{16}$。

$(AF4)_{16}$=(　　　　　)$_2$=(　　　　　)$_{10}$。

$(11000101)_2$=(　　　　　)$_{10}$。

$(198106142)_{10}$=(　　　　　)$_{16}$。

$(725416)_8=($ 　　　　　$)_2$。

图 1.30　科学型计算器

图 1.31　程序员计算器

3）选择"查看"菜单中的"统计信息"命令，打开统计信息计算器的界面，如图 1.32 所示，然后进行以下计算。

统计运算：计算 11、12、13、14 和 15 的总和、平均值和总体标准偏差。

计算步骤如下。

① 求和：输入 11，单击"Add"按钮，将输入的数字添加到统计框中；使用同样方法依次将 12、13、14 和 15 添加到统计框中；单击"Σx"按钮，即可计算 5 个数值的总和。

② 求平均值：单击"$\bar{x}$"按钮，即可求得 5 个数的平均值。

③ 求总体标准偏差：单击"σ_{n-1}"按钮，即可计算这 5 个数的总体标准偏差。

4）选择"查看"菜单中的"日期计算"命令，打开日期计算计算器的界面，如图 1.33 所示，然后进行以下计算。

计算 2016 年 9 月 7 日～2016 年 10 月 21 日间隔的天数。

图 1.32　统计信息计算器

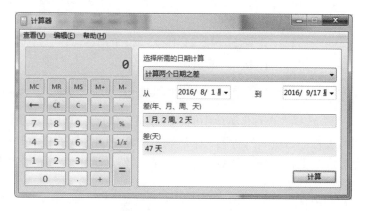

图 1.33　日期计算计算器

13．关闭计算机

应养成每次实验课结束时及时关闭计算机的良好习惯。关闭计算机的正确方法是选择

"开始"菜单中的"关机"命令。在使用计算机的过程中,若出现紧急情况,可通过直接切断电源的方式关闭计算机,并立即向老师报告。

三、实践练习

1. 修改 Windows 操作系统的设置

1)将桌面图标的排序方式修改为"按项目类型"排列。

2)将 C 盘根文件夹中的文件和文件夹的查看方式修改为"详细信息"。

3)修改桌面背景图片。可选用"纯色"或计算机中的某一幅图片。

4)将计算机的"视觉效果和声音"选项修改为使用"Windows 经典"主题。

5)将 Windows 控制面板的查看方式修改为"大图标"。

6)设置屏幕保护程序为"三维文字",设置显示文字为"计算机的世界",旋转类型为"滚动",等待时间为"1 分钟",并选中"在恢复时显示登录界面"复选框。

7)设置语言栏"停靠于任务栏",且"在非活动时,以透明状态显示语言栏"。

2. 文件操作

1)在 C 盘建立一个文件夹,命名为"stu_[××]"。其中,××代表你的学号。例如,你的学号是 123456,则文件夹的名称为"stu_[123456]"。

2)在"stu_[××]"文件夹中建立两个子文件夹,分别命名为"兴趣""成就"。

3)在"兴趣"文件夹中建立一个写字板文件,命名为"古诗.rtf"。

4)在"成就"文件夹中建立一个记事本文件,命名为"宋词.txt"。

5)将"成就"文件夹中的文件"宋词.txt"复制到"兴趣"文件夹中。

6)删除"成就"文件夹中的文件"宋词.txt"。

7)使用记事本程序打开"兴趣"文件夹中的文件"宋词.txt",并在文件中添加文字。其中,字体设置为四号、楷体。可选用系统中的任意一种输入法。输入的内容如图 1.34 所示。

水调歌头·明月几时有
明月几时有?
把酒问青天。
不知天上宫阙,今夕是何年。
我欲乘风归去,又恐琼楼玉宇,高处不胜寒。
起舞弄清影,何似在人间。
转朱阁,低绮户,照无眠。
不应有恨,何事长向别时圆?
人有悲欢离合,月有阴晴圆缺,此事古难全。
但愿人长久,千里共婵娟。

图 1.34　宋词

8)使用写字板程序打开"兴趣"文件夹中的文件"古诗.rtf"。将文字添加到文件中并保存文件,然后修改其格式。效果如图 1.35 所示。

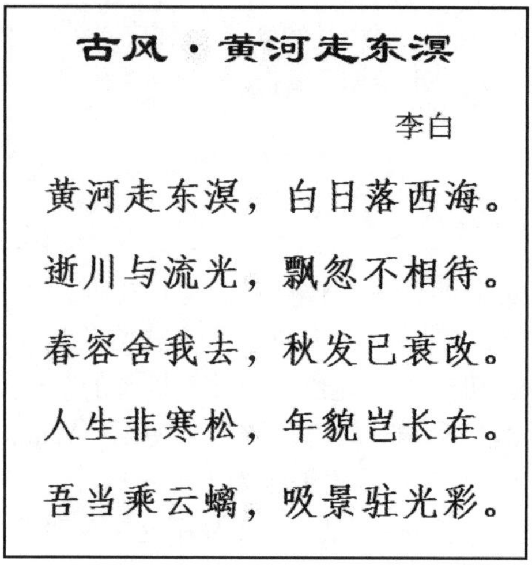
古风·黄河走东溟

李白

黄河走东溟，白日落西海。
逝川与流光，飘忽不相待。
春容舍我去，秋发已衰改。
人生非寒松，年貌岂长在。
吾当乘云螭，吸景驻光彩。

图 1.35　古诗

3. 计算公式的值

利用 Windows 的计算器程序，计算$15+\frac{\ln 42}{5}\times\sqrt[4]{81}+\sin e$的值。

实验 2

Word 2016 基本操作

一、实验目的

1）掌握新建、保存和打开 Word 文档的方法。

2）熟练掌握文档的基本编辑操作，包括插入、删除、修改、复制和移动内容等。

3）熟练掌握文档编辑中的快速编辑、文本的校对与替换。

4）了解文档的不同视图。

5）掌握字符和段落的格式设置方法。

6）掌握项目符号、编号和分栏等操作方法。

7）掌握页面排版的基本方法。

8）掌握特殊符号的插入方法。

二、实验内容及步骤

1. 观察 Word 2016 的工作界面

启动 Word 2016，认识其工作界面和各个组成部分。

单击"开始"按钮，在弹出的"开始"菜单中选择"所有程序"命令，在弹出的菜单选择"Microsoft Office"文件夹中的"Microsoft Word 2016"命令，启动 Word 2016 应用程序，工作界面如图 2.1 所示。当新建一个文档后，在文档的开始位置将出现一个闪烁的光标，又称为插入点。在 Word 文档中输入的文本，都将在插入点处出现。

2. 编辑文档

任选一种输入法输入如图 2.2 所示的文字，将文件命名为"珍惜.docx"，并保存在 D 盘。按照下述步骤对文档进行排版。

步骤01 选择输入法。使用【Ctrl+Space】组合键在中文输入法和英文输入法之间进行切换，使用【Ctrl+Shift】组合键在各个输入法之间依次进行切换，使用【Ctrl+.】组合键进行中西文标点的切换。

注意

输入汉字时要使用中文标点。

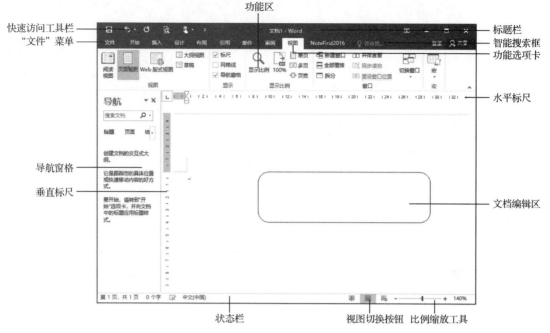

图 2.1 Word 2016 的工作界面

你有过这样的经历吗？某一天你的母亲帮你洗衣服时，不小心揉皱了你的衣领。不巧，上班时你多嘴的同事因此奚落了你，为此你对着母亲生了半天的气；女孩子也许还有这样的兴致，小心地伺候花草，为小宠物科学配食，却无暇顾及亲人的"胃"；更不用说，众人眼里文静的你，在家也会"河东狮吼"。生活中，我们常常温柔地对待无足轻重的别人，对小花、小草、小动物尚能有一片爱惜与宽容之情，却刻薄了生命中至亲至爱的人。学心理学的朋友曾对我说过这样一种现象，整天在外乐呵呵的人，对自己的家人往往脾气很坏。对此定论，我当时不以为然，甚至觉得毫无道理。可细究起来，却发现这句话里晃着真理的影子。每个人都有自己遭遇挫折后的心理调节系统，而挫折容忍力低的人，也就容易找"替罪羊"来消解不满。我们很多人不都有这样一种想法：因为是自己人，所以才不遮不挡，如果错了，他们也会原谅我们。于是，家庭成为许多人的情感垃圾站，把自己在外受的委屈"理所当然"地转嫁给家人或朋友。即使后来醒悟，也只是有一点点不好意思，殊不知有时对你爱得越深的人，被你也伤得越深。珍惜多好。因为珍惜，我们不再随意发泄，当再次受伤后，我们学会冷静梳理，然后理智地倾诉。因为珍惜，我们总是用一个感恩的心凝视这个世界并超越世俗的斤斤计较与恩怨相报。因为珍惜，我们找回自信。其实爱你的、关心你的人好多，那曾经不小心落在红尘中的微笑，重新绽放在心灵深处。因为珍惜，我们爱得更深，给的更多。因为珍惜，我们冲破了"唯有被爱才是幸福"的定论，爱是一种能力，而珍惜是爱的翅膀。这个世界并不缺少关爱，这个世界少的是会飞的爱——珍惜。

图 2.2 示例文字 1

步骤02 在文本编辑区输入文本后，单击快速访问工具栏中的"保存"按钮，或者选择"文件"菜单中的"保存"命令保存文件，首次保存文件时会弹出"另存为"对话框，如图 2.3 所示。选择保存路径为 D 盘，输入文件名"珍惜.docx"，然后单击"保存"按钮即可。在输入和编辑文本的过程中应随时存盘，再次保存文件时，则不会再弹出"另存为"对话框。也可以使用【Ctrl+S】组合键存盘。

图 2.3　"另存为"对话框

步骤03 在文档最前面插入一行标题"珍惜"。将光标放在文档最前面,按【Enter】键,即可插入一个空行,再输入文本"珍惜"。

步骤04 选中"珍惜"或将光标放到第 1 行,单击"开始"选项卡"样式"选项组中的"标题 2"按钮,设置"珍惜"为"标题 2"样式;单击"段落"选项组中的"居中"按钮,将"珍惜"居中显示。

步骤05 将文档分为两段,第二段从"生活中,我们常常温柔地对待无足轻重的别人……"直到文末。将光标置于"生活中……"句前,按【Enter】键即可完成分段。若要将两段合并,只要删除段落标记 ↵ 即可。

步骤06 将文档中所有的"你"替换为"you"。单击"开始"选项卡"编辑"选项组中的"替换"按钮,弹出"查找和替换"对话框,在"查找内容"文本框中输入"你",在"替换为"文本框中输入"you",然后单击"全部替换"按钮即可。

步骤07 将所有的英文单词设置为首字母大写。按【Ctrl+A】组合键选中全文,单击"开始"选项卡"字体"选项组中的"更改大小写"下拉按钮,在弹出的下拉列表中选择"每个单词首字母大写"命令即可,结果如图 2.4 所示。

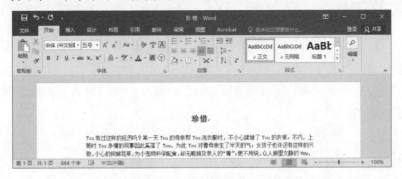

图 2.4　每个单词首字母大写

步骤08 将所有英文字母设置为蓝色。单击"开始"选项卡"编辑"选项组中的"替换"按钮,弹出"查找和替换"对话框,先将光标定位在"查找内容"文本框中,单击"更多"按钮,在打开的新界面中单击"特殊格式"下拉按钮,在弹出的下拉列表中选择"任意字母"命令，这时在"查找内容"文本框中显示"^$"符号，表示任意字母；然后将光标定位在"替换为"文本框中，单击"格式"下拉按钮，在弹出的下拉列表中选择"字体"命令，在弹出的"替换字体"对话框中设置字体颜色为蓝色即可，应保持"替换为"文本框中是空的，表示只替换格式。

步骤09 将文档以原名保存到 D 盘。单击"视图"选项卡"视图"选项组中的各个按钮，分别以页面视图、阅读视图、Web 版式视图、大纲视图和草稿等视图方式显示文档，观察各种视图的不同显示效果。

步骤10 设置字体和段落格式。将正文首行缩进 2 字符，字号设置为小四号，中文字体设置为华文行楷，所有英文字体设置为 Arial Black，行间距设置为固定值 18 磅。单击"开始"选项卡"字体"选项组右下角的对话框启动器，弹出"字体"对话框，如图 2.5 所示，设置字号为四号，中文字体为华文行楷、西文字体为 Arial Black。再单击"开始"选项卡"段落"选项组右下角的对话框启动器，弹出"段落"对话框，如图 2.6 所示，设置特殊格式为首行缩进，磅值为 2 字符，设置行距为固定值 18 磅。

图 2.5 "字体"对话框

图 2.6 "段落"对话框

> **注意**
>
> 若先设置中文字体，再设置英文字体，则英文字体只对英文有效，中文保留原来的字体格式。

步骤11 进行页面设置。选择"布局"选项卡，"页面设置"选项组中包括"纸张大小""页边距""纸张方向"等下拉按钮，设置纸张大小为 B5（JIS），页边距均为 2 厘米。

单击"开始"选项卡"段落"选项组中的"边框"下拉按钮，在弹出的下拉列表中选择"边框和底纹"命令，弹出"边框和底纹"对话框。选择"页面边框"选项卡，单击"艺术型"下拉按钮，在弹出的下拉列表中选择需要的艺术型边框，如图 2.7 所示。

步骤12 将第二段添加 25%红色底纹。选中第二段，单击"开始"选项卡"段落"选项组中的"边框"下拉按钮，在弹出的下拉列表中选择"边框和底纹"命令，弹出"边框和底纹"对话框。选择"底纹"选项卡，如图 2.8 所示，在"样式"下拉列表中选择"25%"样式，在"颜色"下拉列表中选择红色，在"应用于"下拉列表中选择"段落"命令，然后单击"确定"按钮。

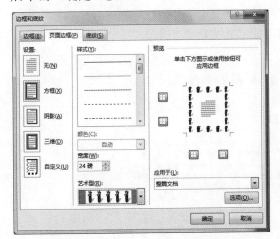

图 2.7 "边框和底纹"对话框

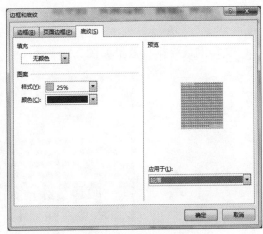

图 2.8 "底纹"选项卡

步骤13 将第二段分栏。选中第二段，单击"布局"选项卡"页面设置"选项组中的"分栏"下拉按钮，在弹出的下拉列表中选择"两栏"命令，即可将选定段落分为两栏。如果要添加分隔线，则单击"分栏"下拉按钮，在弹出的下拉列表中选择"更多分栏"命令，弹出"分栏"对话框，如图 2.9 所示，选中"分隔线"复选框即可。

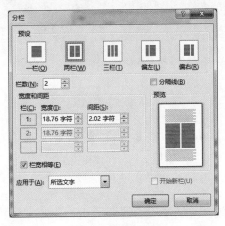

图 2.9 段落分栏

步骤14 单击"插入"选项卡"页眉和页脚"选项组中的"页脚"下拉按钮，在弹出的下拉列表中选择一种页脚的样式，如选择"空白"样式。在页脚处的"[在此处键入]"位置输入班级、姓名、学号；单击"页眉和页脚工具-设计"选项卡"插入"选项组中的"日期和时间"按钮，弹出"日期和时间"对话框，在"可用格式"列表框中选择一种日期和时间的样式，选中右下角的"自动更新"复选框，设置字体为宋体、小四，然后单击"确定"按钮即可完成页脚的设置。单击"关闭"选项组中的"关闭页眉和页脚"按钮，回到正文的编辑状态。

步骤15 设置第二段首字下沉的效果。将光标定位在第二段，单击"插入"选项卡"文本"选项组中的"首字下沉"下拉按钮，在弹出的下拉列表中选择"首字下沉选项"命令，在弹出的"首字下沉"对话框中将第二段设置为首字下沉，并适当调整下沉行数。

步骤16 添加水印。单击"设计"选项卡"页面背景"选项组中的"水印"下拉按钮，在弹出的下拉列表中选择"自定义水印"命令，在弹出的"水印"对话框中选中"文字水印"单选按钮，设置"文字"为非常机密，"字体"为楷体，"字号"为 44，"颜色"为绿色，"版式"为斜式，然后单击"确定"按钮，即可为文档添加水印。

文档的最终排版效果如图 2.10 所示。

图 2.10　文档样例 1

3. 制作问卷调查表

在 D 盘中新建一个名为"大学生问卷调查表.docx"的文档，输入如图 2.11 所示文本内容。按照下述步骤对文档进行排版。

步骤01 任选一种中文输入法，在第 1 行输入标题"大学生问卷调查表"，单击"开始"选项卡"样式"选项组中的"标题 3"按钮，并使其居中。在第 2 行输入正文内容，每输入一行问题，按【Shift+Enter】组合键插入一个分行符，然后在下一行输入问题选项。使用同样的方法，输入所有问题及选项。设置正文字体为仿宋体，字号小五号，加粗。

步骤02 在文末适当的位置输入日期。单击"插入"选项卡"文本"选项组中的"日期和时间"按钮，弹出"日期和时间"对话框，如图 2.12 所示。在"可用格式"列表框中选择一种日期格式，然后单击"确定"按钮，即可在文档末尾插入当前日期，并设置右缩进 10 字符。

大学生问卷调查表

感谢你抽出宝贵时间，填写这份问卷调查表，你的意见将为我们学校的改进工作做出很大贡献。

你现在所在的大学是你理想中的大学吗？

是不是超出意料

你选择就读的理由是？

理想没有其他选择糊里糊涂考上了

你对目前在学校的学习、生活的节奏和方式还适应吗？

适应不适应勉强可以

你对未来四年的大学生活有过规划吗？

有没有有，但不详细

如今已是大学生的你会如何看待大学？

学习场所展示自我的舞台文化资源丰富的小社会

为丰富校园生活，你会积极参加各项活动及社会实践吗？

会适当参加不会

在面对比你优秀的同学时你会：

有自卑感并远离他们无所谓，轻视他们取彼之长补己之短

你现在有明确的学习计划吗？

有没有尚在考虑中

大学学习生活看似轻松，可实际上竞争激烈，你会怎么学习？

延续高中学习方法和态度科学利用时间学习用不着多么认真，及格就行

在学习生活中你有信心可以调整好心态面对挫折吗？

有没有遇到挫折时，希望有人能伸出援手

在大学里，你学习英语的动机是什么？

兴趣所向过四、六级将来好就业形势所迫

你对自己现在学习的专业满意吗？

满意不满意不知道

你有创办自己的公司或者企业的意向吗？

有没想过不知道

图 2.11　示例文字 2

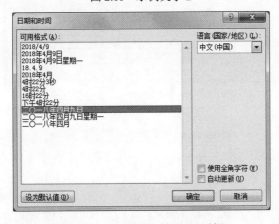

图 2.12　"日期和时间"对话框

步骤03 将光标定位到正文第 3 行文本"是"之前，单击"插入"选项卡"符号"选项组中的"符号"下拉按钮，在弹出的下拉列表中选择"其他符号"命令，弹出"符号"对话框，如图 2.13 所示。在"字体"下拉列表中选择"Wingdings"字体，选择空心圆形符号，然后单击"插入"按钮。使用同样的方法，在文本中插入相同的符号。

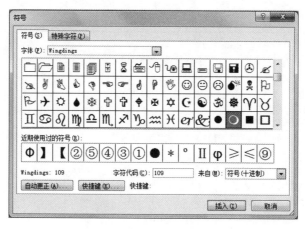

图 2.13　"符号"对话框

步骤04　将光标定位到正文第 10 行句末，在"字体"下拉列表中选择"Wingdings 2"字体，选择星形符号，然后单击"插入"按钮。使用同样的方法，在文本中插入相同的符号。

步骤05　使用项目符号和编号。选中从正文第 2 行开始至文末的全部文字，单击"开始"选项卡"段落"选项组中的"编号"下拉按钮，在弹出的下拉列表中选择"编号库"中第 1 行第 2 列的格式，对选中的段落进行编号，如图 2.14 所示。

图 2.14　使用项目符号和编号

步骤06　选中第一段，单击"设计"选项卡"页面背景"选项组中的"页面边框"按钮，弹出"边框和底纹"对话框，选择"底纹"选项卡，在"填充"下拉列表中选择"蓝色，个性色 1，淡色 60%"命令，在"应用于"下拉列表中选择"段落"命令，然后单击"确定"按钮即可。

文档的最终排版效果如图 2.15 所示。

图 2.15　文档样例 2

三、实践练习

1）在 Word 2016 中输入如图 2.16 所示的内容（正文为五号字），并将文档以"W1.DOC"为名（保存类型为"Word 文档"）保存在 E 盘中以自己所在系、班级、学号所建立的文件夹中。

要求如下：

① 第一段：楷体、二号、斜体、加字符底纹。

② 第二段：黑体、三号。

③ 第三段：加粗、加下划线。

④ 段落缩进：第二段、第三段首行缩进两个汉字。

⑤ 第二段与第一段的段前间距为 2 行，与第三段的段后间距为 2 行。

什么是 PHP？PHP，一个嵌套的缩写名称，是英文“超文本预处理语言”（Hypertext Preprocessor）的缩写。
PHP 是一种 HTML 内嵌式的语言，PHP 与微软的 ASP 颇有几分相似，都是一种在服务器端执行的“嵌入 HTML 文档的脚本语言”，语言的风格类似于 C 语言，现在被很多的网站编程人员广泛地运用。
PHP 独特的语法混合了 C、Java、Perl 以及 PHP 自创的新语法。

图 2.16　示例文字 3

文档的最终排版效果如图 2.17 所示。

什么是 PHP？PHP，一个嵌套的缩写名称，是英文“超文本预处理语言”（HypertextPreprocessor）的缩写。

PHP 是一种 HTML 内嵌式的语言，PHP 与微软的 ASP 颇有几分相似，都是一种在服务器端执行的“嵌入 HTML 文档的脚本语言”，语言的风格类似于 C 语言，现在被很多的网站编程人员广泛地运用。

PHP 独特的语法混合了 C、Java、Perl 以及 PHP 自创的新语法。

图 2.17　文档样例 3

2）在 Word 2016 中输入如图 2.18 所示的内容（正文为五号字），并将文档以“W2.DOC”为名（保存类型为“Word 文档”）保存在 E 盘中以自己所在系、班级、学号所建立的文件夹中。

WordStar 是一个较早产生并已十分普及的文字处理系统，风行于 20 世纪 80 年代，汉化的 WordStar 在我国曾非常流行。1989 年，香港金山公司 WPS（Word Processing System），是完全针对汉字处理重新开发设计的，在当时我国的软件市场上独占鳌头。

图 2.18　示例文字 4

要求如下：

① 在本段的前面插入一行标题“文字处理软件的发展”。

② 将“文字处理软件的发展”居中，并将标题中的“文字处理”设置为红色，字符间距设置为加宽 6 磅，位置为提升 6 磅，加上着重号；将标题中的“软件的发展”的字号设置为二号，然后为标题添加 15%的底纹及 2.25 磅的阴影边框。

③ 将文字“汉”标记为带圈字符。

④ 在词语“独占鳌头”上方标注拼音。

文档的最终排版效果如图 2.19 所示。

图 2.19　文档样例 4

3）在 Word 2016 中输入如图 2.20 所示的内容（正文为五号字），并将文档以"W3.DOC"为名（保存类型为"Word 文档"）保存在 E 盘中以自己所在系、班级、学号所建立的文件夹中。

随着计算机技术与信息技术的飞速发展及广泛应用，对于人才培养基地的高等院校来说，计算机基础教育已经成为各学科发展的基石之一。它既是文化基础教育，又是人才素质教育，更是强有力的技术基础教育。

图 2.20　示例文字 5

要求如下：

① 将"对于人才培养基地的高等院校来说"的背景设置为 20%的灰色。

② 将"随着计算机技术与信息技术的飞速发展及广泛应用"加上红色边框，并设字号为三号。

③ 将"又是人才素质教育"的字体设置为红色。

④ 将"它既是文化基础教育"加下划线，并设置为斜体字和加粗。

⑤ 将"更是强有力的技术基础教育"加着重号。

文档的最终排版效果如图 2.21 所示。

随着计算机技术与信息技术的飞速发展及广泛应用，对于人才培养基地的高等院校来说，计算机基础教育已经成为各学科发展的基石之一。*它既是文化基础教育*，又是人才素质教育，更是强有力的技术基础教育。

图 2.21　文档样例 5

4）在 Word 2016 中输入如图 2.22 的内容（正文为五号字），并将文档以"W4.DOC"为名（保存类型为"Word 文档"）保存在 E 盘中以自己所在系、班级、学号所建立的文件夹中。

要求如下：

① 将"正在形成一种相辅相成的关系"的背景设置为 30%的灰色。

最近，计算机与生态的关系日益受到人们的重视，正在形成一种相辅相成的关系。以前，无论是计算机制造商还是使用计算机的用户都过多地认为计算机消耗大量能源是理所当然的事，谁也没有把它当成一个问题来考虑。

图 2.22　示例文字 6

② 将"无论"的字号设置为二号并给其添加边框。

③ 将"当成一个问题"的字体设置为蓝色。

④ 将"相辅相成"设置为斜体、加粗，并加下划线。

⑤ 将"消耗大量能源"加着重号。

⑥ 将整个段落的行距设置为 2 倍行距。

⑦ 将文档的页面设置为左边界为 3 厘米，右边界为 2.5 厘米，上、下边界各为 2.5 厘米。

⑧ 将文档第一段开头的"最"字设置为首字下沉 2 行。

文档的最终排版效果如图 2.23 所示。

最近,计算机与生态的关系日益受到人们的重视, 正在形成一种 *相辅相成* 的关系。

以前,  是计算机制造商还是使用计算机的用户都过多地认为计算

机消耗大量能源是理所当然的事，谁也没有把它当成一个问题来考虑。

图 2.23　文档样例 6

5）新建一个 Word 文档，然后输入如图 2.24 所示的内容（注意分段输入）。

人文地铁提升沈阳城市品质

有人说，公共交通工具是"文化沙漠"，它只记录着人们每日的匆匆而过。然而，在沈阳地铁的建设理念当中，人文地铁，则是其发展的根本核心之一！在沈阳地铁建设者的眼中，地铁可以摆脱公共交通工具的属性，成为展示城市公共艺术的窗口。因此，沈阳地铁文化从无到有，从简陋到丰富，从小众过渡到大众，将逐渐承载起一个城市的品质。

那么，沈阳的人文地铁该如何定义？沈阳是一座拥有几千年历史的名城，是新中国的工业长子，是东北经济振兴的龙头，每一张沈阳的城市名片，都毋庸置疑地要在地铁的文化理念中得以展现。当人们乘坐飞快的地铁在地下穿梭于城市之中时，不该忽略地上的繁荣与精彩。因此，地铁需要将市民带入一个崭新的文化空间。

图 2.24　示例文字 7

利用所学知识点对上面的文章进行排版，完成后的效果如图 2.25 所示。

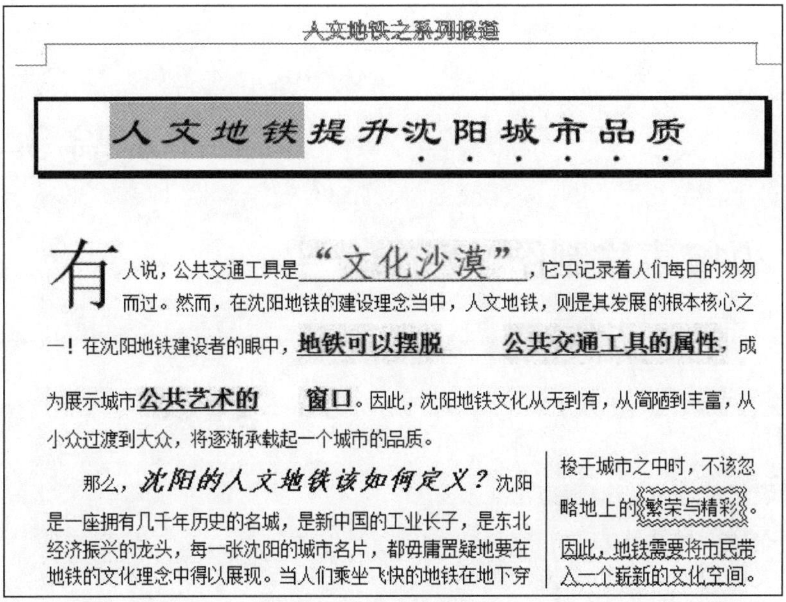

人文地铁之系列报道

人文地铁提升沈阳城市品质

有人说，公共交通工具是"文化沙漠"，它只记录着人们每日的匆匆而过。然而，在沈阳地铁的建设理念当中，人文地铁，则是其发展的根本核心之一！在沈阳地铁建设者的眼中，**地铁可以摆脱**　公共交通工具的属性，成为展示城市**公共艺术的**　窗口。因此，沈阳地铁文化从无到有，从简陋到丰富，从小众过渡到大众，将逐渐承载起一个城市的品质。

那么，*沈阳的人文地铁该如何定义？*沈阳是一座拥有几千年历史的名城，是新中国的工业长子，是东北经济振兴的龙头，每一张沈阳的城市名片，都毋庸置疑地要在地铁的文化理念中得以展现。当人们乘坐飞快的地铁在地下穿梭于城市之中时，不该忽略地上的繁荣与精彩。因此，地铁需要将市民带入一个崭新的文化空间。

图 2.25　文档样例 7

实验 3

Word 2016 表格制作

一、实验目的

1）掌握表格的建立和编辑方法。
2）掌握表格的格式化方法。
3）掌握表格的合并与拆分方法。
4）掌握表格样式的使用方法。
5）掌握特殊表格的制作方法。

二、实验内容及步骤

1. 创建和编辑一个学生成绩表

步骤01 单击"插入"选项卡"表格"选项组中的"表格"下拉按钮，在弹出的下拉列表中选择"插入表格"命令，弹出"插入表格"对话框。设置"行数"为5、"列数"为6，如图 3.1 所示，然后单击"确定"按钮，完成建立表格的操作。将其保存到 D 盘中的 Word 文件夹中，设置文件名为"学生成绩表.docx"。

图 3.1 "插入表格"对话框

步骤02 单击单元格，在表格中输入相应的内容，如图 3.2 所示。

姓名	高等数学	英语	普物	C 语言	德育
王明皓	90	91	88	64	72
张朋	80	86	75	69	76
李霞	90	73	56	76	65
孙艳红	78	69	67	74	84

图 3.2 学生成绩表

步骤03 插入行和列。在表格右侧插入 2 列，列标题分别为"平均分"和"总分"。将光标置于"德育"所在列的任一单元格中，Word 2016 中的功能区会出现"表格工具"选项卡。单击"表格工具-布局"选项卡"行和列"选项组中的"在右侧插入"按钮，在出现的新列中输入列标题为"平均分"。使用同样的方法插入"总分"列。

步骤04 在表格下侧插入 1 行，行标题为"各科最高分"。将光标置于表格的最后一行中，单击"表格工具-布局"选项卡"行和列"选项组中的"在下方插入"按钮，在出现的新行中输入行标题为"各科最高分"。

步骤05 调整行高和列宽。将表格第 1 行的行高调整为最小值 1.2 厘米，将表格"平均分"列的列宽调整为 2.0 厘米。选中表格第 1 行，单击"表格工具-布局"选项卡"表"选项组中的"属性"按钮，弹出"表格属性"对话框。在对话框的"行"选项卡中选中"指定高度"复选框，并修改高度为 1.2 厘米，如图 3.3 所示。使用同样的方法修改"平均分"列的列宽为 2.0 厘米。

图 3.3 "表格属性"对话框

步骤06 拖动鼠标，适当调整各列的列宽，编辑完成后的表格如图 3.4 所示。

姓名	高等数学	英语	普物	C 语言	德育	平均分	总分
王明皓	90	91	88	64	72		
张朋	80	86	75	69	76		
李霞	90	73	56	76	65		
孙艳红	78	69	67	74	84		
各科最高分							

图 3.4 表格样例 1

步骤07 格式化表格。使用"表格工具"选项卡可以方便地进行表格的格式化操作。将光标置于表格中，即可显示"表格工具"选项卡，其中包含常用的表格操作工具。单击"表格工具-布局"选项卡"对齐方式"选项组中的"水平居中"按钮，即可将单元格中的内容设置为水平居中和垂直居中。图 3.5 所示为部分表格工具。

图 3.5　部分表格工具

在"开始"选项卡中，将表格最后一行的文字格式设置为加粗、倾斜，将表格中所有单元格内容设置为水平居中、垂直居中。

步骤08　设置表格外框线为蓝色、1.5 磅的实线，内框线为 0.5 磅虚线。选中整个表格后，出现"表格工具"选项卡，选择"设计"选项卡，在"边框"选项组中设置线条线宽 1.5 磅、颜色为蓝色，如图 3.6 所示。再单击"边框"选项组中的"边框"下拉按钮，在弹出的下拉列表中选择"外侧框线"命令。使用同样的方法设置内框线为 0.5 磅虚线。

图 3.6　设置表格外框线

步骤09　设置表格底纹。选中表格第 1 行后，单击"表格工具-设计"选项卡"表格样式"选项组中的"底纹"下拉按钮，在弹出的下拉列表中选择"白色，背景 1，深色 15%"选项，如图 3.7 所示。使用同样的方法设置最后一行为"紫色，强调文字颜色 4，淡色 40%"。

步骤10　将表格中的数据排序。首先按照"高等数学"成绩从高到低排序，然后按照"普物"成绩从高到低进行排序。将光标置于表格中，单击"表格工具-布局"选项卡"数据"选项组中的"排序"按钮，弹出"排序"对话框，设置排序关键字和类型，如图 3.8 所示。然后单击"确定"按钮，完成排序的操作，结果如图 3.9 所示。

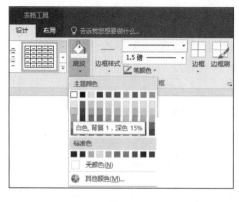

图 3.7　设置表格底纹

图 3.8　"排序"对话框

姓名	高等数学	英语	普物	C 语言	德育	平均分	总分
王明皓	90	91	88	64	72		
张朋	80	86	75	69	76		
李霞	90	73	56	76	65		
孙艳红	78	69	67	74	84		
各科最高分							

图 3.9　表格样例 2

步骤 11　计算每个学生的平均分（保留 1 位小数）及各科最高分。将光标置于第 1 个要计算平均分的单元格中，单击"表格工具-布局"选项卡"数据"选项组中的"公式"按钮，弹出"公式"对话框。将光标定位于"公式"文本框中的"="后面，在"粘贴函数"下拉列表中选择"AVERAGE"公式，删去"公式"文本框中的"()SUM"，保留原来的"(LEFT)"，在"编号格式"文本框中输入"0.0"，以保证平均分为 1 位小数，如图 3.10 所示。然后单击"确定"按钮，完成平均分的计算。使用类似的方法，可以计算其他行的平均分。

图 3.10　"公式"对话框 1

计算各科最高分时，应在"粘贴函数"下拉列表中选择"MAX"函数，操作过程和上面类似，这里不再赘述。

步骤 12　为表格增加标题行"学生成绩表"，格式为黑体、加粗、小三号字、居中、双下划线，字符间距加宽为 4 磅。

如果表格位于文档的第 1 行，可以将光标置于表格左上角的单元格中，然后按【Enter】键，即可在表格前插入 1 行。输入文字"学生成绩表"后，利用"开始"选项卡"字体"选项组中的选项或在"字体"对话框中按要求进行设置。最终效果如图 3.11 所示。

学 生 成 绩 表

姓名	高等数学	英语	普物	C 语言	德育	平均分	总分
王明皓	90	91	88	64	72	81.0	
张朋	80	86	75	69	76	77.2	
李霞	90	73	56	76	65	72.0	
孙艳红	78	69	67	74	84	74.4	
各科最高分	90	91	88	76	84		

图 3.11　表格样例 3

2. 制作试卷头表格

步骤01 插入一个 6 行 12 列的表格，并输入标题"《课程名》试题（A）"，如图 3.12 所示。

《课程名》试题（A）

图 3.12　插入 6 行 12 列的表格

步骤02 单元格合并与拆分。选中第 1 行中前 4 个单元格，单击"表格工具-布局"选项卡"合并"选项组中的"合并单元格"按钮，将 4 个单元格合并为一个单元格。使用同样的方法，将第 5～7 个单元格合并为一个单元格，将第 8～10 个单元格合并为一个单元格，将第 11 和第 12 个单元格合并为一个单元格。

同样，将第 2 行中前 4 个单元格合并为一个单元格，将第 5～12 个单元格合并为一个单元格。将第 3 行中前 4 个单元格合并为一个单元格，将第 5～8 个单元格合并为一个单元格，将第 9～12 个单元格合并为一个单元格。将第 4 行中前两个单元格合并为一个单元格，将第 3～12 个单元格合并为一个单元格。同时将第 5 行和第 6 行的第一个单元格合并为一个单元格。合并后的表格如图 3.13 所示。

图 3.13　合并后的表格

步骤03 设置表格外边框。选择表格，单击"表格工具-设计"选项卡"边框"选项组中的"边框"下拉按钮，在弹出的下拉列表中选择"边框和底纹"选项，弹出"边框和底纹"对话框，如图 3.14 所示。设置表格外边框的"宽度"为 1.5 磅，"颜色"为黑色，"样式"为实线，在"应用于"下拉列表中选择"表格"命令。

步骤04 输入如图 3.15 所示的试卷头样例中的文字，并适当调整各单元格的大小。表格最终效果如图 3.15 所示。

图 3.14 "边框和底纹"对话框

《课程名》试题 （A）

开课学院(系)：XXXXX 学院		适用学期：2016-2017（1）		考试时间：XX 分钟		共（X）页
课 程 号：xxxxxxxx		本套试题发放答题纸 X 张，草纸 X 张。答案写在：题签/答题纸上				
考试类别：一级/二级		考试性质：考试/考查		考试方式：闭卷/开卷		
适用班级：						
平时成绩占 XX%	卷面总分	一	二	三	四	五	六	七	八	九	十
卷面成绩占 XX%	合计 100 分										

图 3.15 试卷头样例

3. 制作一份产品销售表

表格效果如图 3.16 所示。

产品销售表			
产品名称	**单价（元）**	**销售数量**	**销售金额（元）**
计算机	5600	210	1176000
传真机	820	90	73800
打印机	1135	420	476700
数码照相机	2650	150	397500
录音笔	215	360	77400
		销售额总计	2201400

图 3.16 "产品销售表"样例

步骤01 新建一个文档，将其命名为"产品销售表.docx"，并输入数据。设置第 1 行标题为楷体、三号、加粗；第 2 行表头格式为黑体、五号。

步骤02 将光标定位到 D3 单元格中，单击"表格工具-布局"选项卡"数据"选项组中的"公式"按钮，弹出"公式"对话框。在"公式"文本框中输入"=PRODUCT(B3:C3)"，如图 3.17 所示，然后单击"确定"按钮。此时，D3 单元格中显示 B3 和 C3 单元格中数据相乘的结果。使用类似的方法，计算出其他产品的销售金额。

图 3.17　"公式"对话框 2

步骤03 将光标定位到 D8 单元格中，单击"表格工具-布局"选项卡"数据"选项组中的"公式"按钮，弹出"公式"对话框。在"公式"文本框中输入"=SUM(D3:D7)"，然后单击"确定"按钮。此时，D8 单元格中显示销售额总计的数据。

图 3.18　"表格转换成文本"对话框

步骤04 表格自动套用格式。选择表格，单击"表格工具-设计"选项卡"表格样式"选项组中的"中等深浅底纹 1-强调文字颜色 1"选项，表格效果如图 3.16 所示。

步骤05 将表格转换为文本。选择表格，单击"表格工具-布局"选项卡"数据"选项组中的"转换为文本"按钮，弹出"表格转换成文本"对话框。在对话框中选择将原表格中的单元格文本转换成文字后的文字分隔符，如图 3.18 所示，然后单击"确定"按钮。

将"产品销售表"转换成文本后的效果如图 3.19 所示。

产品销售表

产品名称	单价（元）	销售数量	销售金额（元）
计算机	5600	210	1176000
传真机	820	90	73800
打印机	1135	420	476700
数码照相机	2650	150	397500
录音笔	215	360	77400
		销售额总计	2201400

图 3.19　表格转换成文本后的效果

在 Word 中可以将表格转换成文本，也可以将文本转换为表格。将文本转换为表格时，应首先将要进行转换的文本格式化，即将文本中的每一行用段落标记隔开，每一列用分隔符（如逗号、空格、制表符等）分开，否则系统不能正确识别表格的行列分隔，从而导致不能正确转换。

三、实践练习

1）在 Word 2016 中制作一个表格（正文为五号字），并将其以"W5.docx"为名（保存类型为"Word 文档"）保存在 E 盘中以自己所在系、班级、学号所建立的文件夹中。

要求如下：

绘制一个如图 3.20 所示的表格（不要求线的粗细）。

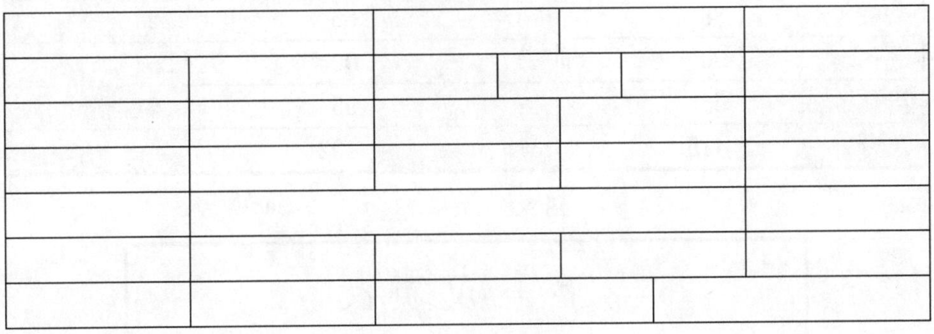

图 3.20　表格样张 1

2）在 Word 2016 中制作一个表格（正文为五号字），并将其以"W6.docx"为名（保存类型为"Word 文档"）保存在 E 盘中以自己所在系、班级、学号所建立的文件夹中。

要求如下：

① 按图 3.21 所示制作一个表格。

学生成绩单				
姓名	高等数学	大学英语	计算机	总分
王志	78	76	80	
卢明	93	67	72	
胡龙	86	73	65	
赵炎	90	74	90	
姜昆	68	88	95	

图 3.21　学生成绩单

② 将"学生成绩单"设置为粗体、居中，并设置字体为一号。

③ 在表格的末尾添加一行，行标题为"总分"。

④ 计算每个人的"总分"。

⑤ 利用表格工具，为表格设置一种格式。

⑥ 调整表格的边框线及底纹。利用"绘制表格"功能在表格右下角单元格画一条斜线。

⑦ 根据表格中的所有学生的"总分"，在当前文档中创建一个三维饼图，设置图表标题为"学生成绩表"，并将标题设置为 20 号、红色字体，为图表添加边框（黑色，线宽为 1.5 磅），设置饼图格式为"显示数值"。

最终效果如图 3.22 和图 3.23 所示。

学生成绩单				
姓名	高等数学	大学英语	计算机	总分
王志	78	76	80	234
卢明	93	67	72	232
胡龙	86	73	65	224
赵炎	90	74	90	254
姜昆	68	88	95	251
总分	415	378	402	

图 3.22 表格样张 2

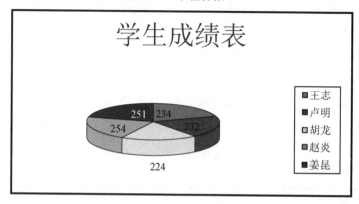

图 3.23 图表样张

3）在 Word 2016 中制作一个表格（正文为五号字），并将其以"W7.docx"为名（保存类型为"Word 文档"）保存在 E 盘中以自己所在系、班级、学号所建立的文件夹中。

要求如下：

① 按图 3.24 所示绘制一个表格。

两年间的现金流通量							
年份		1997			1998		
季度		Q1	Q2	Q3	Q1	Q2	Q3
成本	数量	99	199	168	105	209	200
	单价	3	3	3	4	4	4
	总计	297	597	504	420	836	800
利润	原料价格	0.75	0.75	0.75	0.85	0.85	0.85
	劳动力价格	0.25	0.25	0.25	0.35	0.35	0.35
	成本价格	102	148	168	120	169	150

图 3.24 两年间的现金流通量

② 为表格添加边框。

③ 表格中的第 1 行加蓝色底纹。

④ 表格中的内容都居中对齐。

⑤ 将"成本"与"利润"两个词设为红色斜体字。

最终效果如图 3.25 所示。

两年间的现金流通量						
年份	1997			1998		
季度	Q1	Q2	Q3	Q1	Q2	Q3
成本	数量	99	199	168	105	209	200
	单价	3	3	3	4	4	4
	总计	297	597	504	420	836	800
利润	原料价格	0.75	0.75	0.75	0.85	0.85	0.85
	劳动力价格	0.25	0.25	0.25	0.35	0.35	0.35
	成本价格	102	148	168	120	169	150

图 3.25　表格样张 3

4）在 Word 2016 中制作一个表格（正文为五号字），并将其以"W8.docx"为名（保存类型为"Word 文档"）保存在 E 盘中以自己所在系、班级、学号所建立的文件夹中。

要求如下：

① 按图 3.26 所示绘制一个表格。

南方公司电话费汇总表

部门	办公室	3 月份	4 月份	5 月份
经理室	401	89.00	120.00	87.00
技术科	301	89.00	120.00	73.50
生产科	302	100.00	87.00	89.00
财务科	303	120.00	67.50	67.00
销售科	202	117.00	120.00	117.00
一车间	101	60.00	117.00	83.50
二车间	102	90.50	89.00	120.00

图 3.26　南方公司电话费汇总表

② 在最后 1 列的右侧增加 1 列，并在其第 1 行单元格中输入文字"合计"。

③ 在最后一列第 2～8 行单元格中输入相应行电话费的总和（必须用公式实现，直接输入数字无效）。

5）利用学过的 Word 知识制作如图 3.27 所示的表格（文字必须完全一致，照片任选）。

个 人 简 历

个人基本简历

姓名	乔小英	性别	女	出生年月	1988.2	民族	汉	
籍贯	湖北黄冈		毕业院校		湖北经济学院法商学院			
政治面貌	团员	学历	本科		专业	会计（注册会计师）		
身份证号	4××××××××××××××							

求职意向及个人工作经历

求职类型	普通求职		
应聘职位	会计助理，会计员，出纳等		
求职类型	全职	可到职日期	随时
月薪要求	面议	希望工作地区	湖北武汉，黄冈
工作经历	无		

教育背景

何年何月至何年何月	在何地上学	证明人
1996 年 9 月—2001 年 7 月	英山县实验小学	杜江
2001 年 9 月—2003 年 7 月	英山县实验中学	方久思
2003 年 9 月—2006 年 7 月	湖北省英山县第一中学	方久福
2006 年 9 月—2010 年 7 月	湖北经济学院法商学院	高飞
最高学历	大学本科	选修专业	财政学，预算会计，证券投资，资产评估
所学专业课程	基础会计学，中、高级财务会计，税法，经济学，微观经济学，宏观经济学，成本会计，VFP，财务管理学，会计电算化等		
个人技能	具有一定的英语能力，具有较强的听说读写能力，能熟练掌握计算 Office 工具的运用		
语言能力	大学英语	国语水平	普通话

图 3.27　个人简历表样例

Word 2016 图文混排

一、实验目的

1）熟练掌握图片的插入、编辑和格式设置方法。

2）了解绘制简单图形的方法及其格式设置方法。

3）掌握设置艺术字和文本效果的方法。

4）掌握设置 SmartArt 图形的方法。

5）掌握公式编辑器的使用方法。

6）掌握图文混排和页面排版的方法。

二、实验内容及步骤

1. 制作"短诗欣赏"文档

制作如图 4.1 所示的文档，其中包括自选图形、文本、图片和艺术字的格式设置。

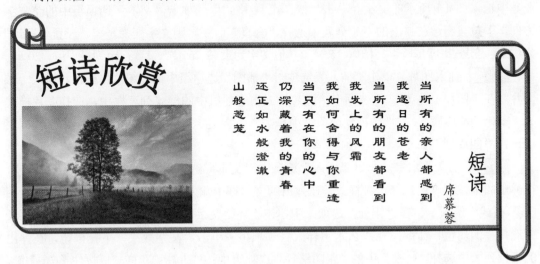

图 4.1　文档样例 1

步骤01　选择"文件"→"新建"命令中的"空白文档"命令。

步骤02　单击"插入"选项卡"插图"选项组中的"形状"下拉按钮，在弹出的下拉列表中选择"星与旗帜"选项组中的"横卷形"形状，在文档空白处单击即可插入自选图形；

右击自选图形，在弹出的快捷菜单中选择"设置形状格式"命令，弹出"设置形状格式"窗格，在"填充"选项组中选中"无填充"单选按钮；选中自选图形后，单击"绘图工具-格式"选项卡"排列"选项组中的"旋转"下拉按钮，在弹出的下拉列表中选择"水平翻转"命令；单击"绘图工具-格式"选项卡"形状样式"选项组中的"形状效果"下拉按钮，在弹出的下拉列表中选择一种效果设置自选图形的阴影效果。设置完成后的效果如图 4.2 所示。

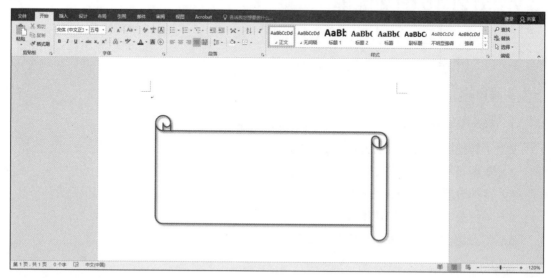

图 4.2　插入形状

步骤03 输入文字。右击自选图形，在弹出的快捷菜单中选择"添加文字"命令，然后在其中输入图 4.1 所示的文字。单击"绘图工具-格式"选项卡"文本"选项组中的"文字方向"下拉按钮，在弹出的下拉列表中选择"垂直"命令，则文字变为竖排。设置"短诗"为仿宋、三号，"席慕蓉"为楷体、5 号，其他文字为隶书、5 号。设置行距为最小值、20 磅。

步骤04 插入图片。单击"插入"选项卡"插图"选项组中的"图片"按钮，插入一张图片。在"图片工具-格式"选项卡"图片样式"选项组中的样式列表框中，选择图片样式为"柔化边缘椭圆"，在"排列"选项组中单击"环绕文字"下拉按钮，在弹出的下拉列表中选择"四周型"命令。

步骤05 插入艺术字。单击"插入"选项卡"文本"选项组中的"艺术字"下拉按钮，在弹出的下拉列表中选择一种样式，在弹出的文本框中输入文字"短诗欣赏"。选择"绘图工具-格式"选项卡，在"排列"选项组中单击"环绕文字"下拉按钮，在弹出的下拉列表中选择"四周型"命令；在"艺术字样式"选项组中单击"文字效果"下拉按钮，在弹出的下拉列表中选择"转换"中的"跟随路径"选项组中的"上弯弧"样式。按住【Ctrl】键，依次选中艺术字"短诗欣赏"和"横卷形"图形，然后右击，在弹出的快捷菜单中选择"组合"命令，将两个对象组合在一起。

步骤06 设置文本效果。选中文字，单击"开始"选项卡"字体"选项组中的"文本效果和版式"下拉按钮，在弹出的下拉列表中选择适当的样式，即可完成文本效果的设置。

文档的最终排版效果如图 4.1 所示。

2．制作"人生格言"文档

制作如图 4.3 所示的文档，其中包括文本格式、项目符号、分栏及插入图片和艺术字等操作。

图 4.3　文档样例 2

步骤01　输入如图 4.4 所示的文字。设置字体为仿宋、五号、加粗，字体颜色为标准色深蓝。设置"励志"为黑体、四号、加粗。

步骤02　使用格式刷。选中"励志"文本，单击"开始"选项卡"剪贴板"选项组中的"格式刷"按钮，将"梦想""爱情""友情"设置成与"励志"相同的格式。

步骤03　设置首字下沉。将光标置于第一段，单击"插入"选项卡"文本"选项组中的"首字下沉"下拉按钮，在弹出的下拉列表中选择"首字下沉选项"命令，弹出"首字下沉"对话框，在"位置"选项组中选择"下沉"选项，设置"字体"为隶书，"下沉行数"为2。

步骤04　设置文字底纹。选中第一段文字，单击"开始"选项卡"段落"选项组中的"边框"下拉按钮，在弹出的下拉列表中选择"边框和底纹"命令，弹出"边框和底纹"对话框。在"底纹"选项卡中设置填充的底纹为标准色浅蓝，在"应用于"下拉列表中选择"文字"命令，如图 4.5 所示。注意与添加段落底纹的区别。

步骤05　设置项目符号。单击"开始"选项卡"段落"选项组中的"项目符号"下拉按钮，在弹出的下拉列表中选择合适的项目符号，为每一段文字添加项目符号。

有一位很有智慧的长者说过：今天每一个家长都会说，『孩子，我要你赢！』但是，却很少有家长教导说，"孩子，你该怎么输！输的原因怎么检讨出来！怎么原地爬起来！怎样渡过人生的各种难关！"

励志

在真实的生命里，每桩伟业都由信心开始，满怀信心跨出第一步。

觉得自己做得到和做不到，其实只在一念之间

将自己当"傻瓜"，不懂就问，你会学得更多

想象力比知识更重要

梦想

当你能飞的时候就不要放弃飞

当你能梦的时候就不要放弃梦

当你能爱的时候就不要放弃爱

爱情

爱一个人，要了解也要开解；要道歉也要道谢；要认错也要改错；要体贴也要体谅；

是接受而不是忍受；是宽容而不是纵容；是支持而不是支配；

是难忘而不是遗忘；是为对方默默祈求而不是向对方提诸多要求。

可以浪漫，但不要浪费；不要随便牵手，更不要随便放手。

友情

真正的朋友，不把友谊挂在口头上，他们并不为了友谊而相互要求一点什么，而是彼此为对方做一切办得到的事。

友谊也像花朵，好好地培养，可以开得绚烂迷人，可是一旦任性或者不幸从根本上破坏了友谊，这朵心上盛开的花，便会立刻萎颓凋谢。

图 4.4　文档文本

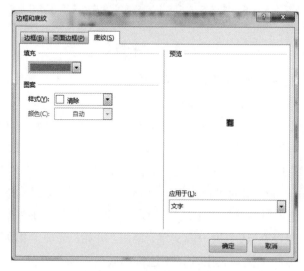

图 4.5　"底纹"选项卡

步骤06　文档分栏。选中从第二段开始的所有文本，单击"布局"选项卡"页面设置"选项组中的"分栏"下拉按钮，在弹出的下拉列表中选择"更多分栏"命令，弹出"分栏"对话框。在"预设"选项组中选择"两栏"选项，在"宽度和间距"选项组中设置"间距"为 2 字符，在"应用于"下拉列表中选择"所选文字"命令，完成第一次分栏。将光标置

于"爱情"处，再次打开"分栏"对话框，在"应用于"下拉列表中选择"插入点之后"命令，选中"分隔线"复选框和"开始新栏"复选框，完成第二次分栏。

步骤07 设置段落。将第二段之后的各个段落行间距均设置为 2 倍行距，每一个项目列表段落均设置左缩进 1 字符，悬挂缩进 1 字符。

步骤08 单击"布局"选项卡"页面设置"选项组中的"文字方向"下拉按钮，在弹出的下拉列表中选择"垂直"命令，设置文字方向为垂直方向排版。

步骤09 插入艺术字。单击"插入"选项卡"文本"选项组中的"艺术字"下拉按钮，在弹出的下拉列表中选择一种需要的艺术字样式，在弹出的文本框中输入文本"人生格言"，设置字体为仿宋、40 号、加粗。选择"绘图工具-格式"选项卡，在"文本"选项组中设置文字方向为垂直。在"艺术字样式"选项组中设置文字颜色为标准色蓝色。

步骤10 添加文字水印。单击"设计"选项卡"页面背景"选项组中的"水印"下拉按钮，在弹出的下拉列表中选择"自定义水印"命令，弹出"水印"对话框，如图 4.6 所示。选中"文字水印"单选按钮，输入文字"人生格言"，设置字体为隶书，字号为 120，斜式版式。

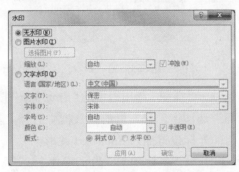

图 4.6　"水印"对话框

步骤11 插入图片。在文档适当的地方插入一张图片，并选中该图片，然后单击"绘图工具-格式"选项卡"排列"选项组中的"环绕文字"下拉按钮，在弹出的下拉列表中选择"其他布局选项"命令，弹出"布局"对话框，如图 4.7 所示。设置文字环绕方式为紧密型；插入第 2 张图片，设置文字环绕方式为四周型。

图 4.7　"布局"对话框

步骤12 设置艺术型页面边框。单击"设计"选项卡"页面背景"选项组中的"页面边框"按钮，弹出"边框和底纹"对话框，在"艺术型"下拉列表中选择一种艺术型边框即可。文档的最终排版效果如图 4.3 所示。

3．制作 SmartArt 图形

制作"计算机解决实际问题的步骤"的 SmartArt 图形，如图 4.8 所示。

图 4.8 "计算机解决实际问题的步骤"的 SmartArt 图形

步骤01 单击"插入"选项卡"插图"选项组中的"SmartArt"按钮，弹出"选择 SmartArt 图形"对话框，选择"循环"选项卡，在右侧的列表框中选择"基本循环"选项，然后单击"确定"按钮即可在文档的光标位置插入 SmartArt 图形。

步骤02 在"SmartArt 工具-设计"选项卡"SmartArt 样式"选项组中选择"卡通"样式，并单击"更改颜色"下拉按钮，在弹出的下拉列表中选择"彩色范围-个性色 3 至 4"命令。

步骤03 分别在 SmartArt 图形中的"文本"处输入图 4.8 所示的文字，设置艺术字格式。在"SmartArt 工具-格式"选项卡"艺术字样式"选项组中单击"其他"下拉按钮，在弹出的下拉列表中选择一种需要的艺术字格式即可。

4．制作试卷

制作完成一份试卷，样例如图 4.9 所示。

步骤01 试卷一般是横向的，8 开纸。单击"布局"选项卡"页面设置"选项组右下角的对话框启动器，弹出"页面设置"对话框，将"纸张方向"设置为横向，"纸张大小"设置为自定义大小，"宽度"设置为 37.8 厘米，"高度"设置为 26 厘米。

步骤02 设置页边距。试卷左侧设计有密封线，在"页面设置"对话框中设置左边距为 3 厘米，其余边距为 2 厘米。此外，试卷一般是双面打印，试卷背面也有密封线，因此在"页码范围"选项组中的"多页"下拉列表中选择"对称页边距"命令。

步骤03 制作密封线。单击"插入"选项卡"文本"选项组中的"文本框"下拉按钮，在弹出的下拉列表中选择"绘制竖排文本框"命令，在试卷左下角绘制一个长方形文本框。单击该文本框，单击"绘图工具-格式"选项卡"文本"选项组中的"文字方向"下拉按钮，在弹出的下拉列表中选择"将所有文字旋转 270°"命令，在文本框中输入"班级：学号：姓名："。下划线的输入方法：首先输入若干空格，然后选中空格，最后单击"下划线"按钮即可。选中竖排文本框，单击"形状样式"选项组中的"形状轮廓"下拉按钮，在弹出的下拉列表中选择"无轮廓"命令，可取消竖排文本框外围的轮廓线。再绘制一个竖排文本框，输入文字"密封线"。密封线 3 个字之间的"……"可以通过制表位来设置。单击"开始"选项卡"段落"选项组右下角的对话框启动器，弹出"段落"对话框，单击左下角的"制表位"按钮，弹出"制表位"对话框。在"制表位位置"文本框中输入"10 字符"，在"前导符"选项组中选中"5……"单选按钮，单击"设置"按钮，将在制表位列表框中看到一个制表位"10 字符"；使用同样的方法设置"20 字符""30 字符""40 字符"，单击"确定"按钮。然后在"密封线"的字之间通过按【Tab】键输入制表符实现。参照前面的方法取消该文本框的外围轮廓。最后，按住【Ctrl】键，同时选中两个文本框，单击"绘图工具-格式"选项卡"排列"选项组中的"组合"下拉按钮，在弹出的下拉列表中选择"组合"命令，即可完成两个文本框的组合。

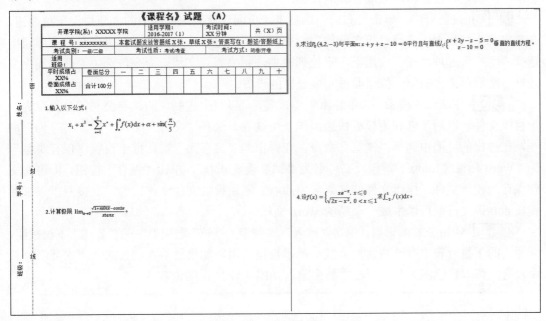

图 4.9　试卷模板文档样例

步骤04　制作试卷头。输入标题文字，并设置字体为黑体、三号、加粗。在标题下方插入一个 6 行 12 列的表格，调整表格格式，输入表格文字，具体操作参考实验 3 中"实验内容及步骤"下的"2.制作试卷头表格"。最终完成的试卷头如图 4.10 所示。

《课程名》试题　（A）

开课学院(系)：XXXXX 学院		适用学期：2016-2017（1）		考试时间：XX 分钟		共（X）页					
课　程　号：xxxxxxxx		本套试题发放答题纸 X 张，草纸 X 张。答案写在：题签/答题纸上									
考试类别：一级/二级		考试性质：考试/考查				考试方式：闭卷/开卷					
适用班级：											
平时成绩占 XX%　卷面成绩占 XX%	卷面总分	一	二	三	四	五	六	七	八	九	十
	合计 100 分										

图 4.10　试卷头样例

步骤05 插入页脚。单击"插入"选项卡"页眉和页脚"选项组中的"页脚"下拉按钮，在弹出的下拉列表中选择"编辑页脚"命令。在光标处输入"第　页，共　页"，单击"页眉和页脚工具-设计"选项卡"页眉和页脚"选项组中的"页码"下拉按钮，在弹出的下拉列表中选择"设置页码格式"命令，弹出"页码格式"对话框。在"编号格式"下拉列表中选择"1，2，3，…"格式，在"页码编号"选项组中将"起始页码"设为"1"。设置完成后，将光标定位到"第"和"页"中间的空白处，然后在"页码"下拉列表中选择"当前位置"中的"普通数字"命令。将光标定位到"共"和"页"之间的空白处，单击"页眉和页脚工具-设计"选项卡"插入"选项组中的"文档部件"下拉按钮，在弹出的下拉列表中选择"域"命令，弹出"域"对话框。在"域名"列表框中选择"NumPages"命令，在"格式"下拉列表中选择"1，2，3，…"格式，在"数字格式"列表框中选择"0"，然后单击"确定"按钮即可完成页脚的设置。

步骤06 设置分栏。单击"布局"选项卡"页面设置"选项组中的"分栏"下拉按钮，在弹出的下拉列表中选择"更多分栏"命令，弹出"分栏"对话框。在"预设"选项组中选择"两栏"选项，在"应用于"下拉列表中选择"整篇文档"命令，选中"分隔线"复选框，然后单击"确定"按钮即可完成分栏的设置。

步骤07 生成试卷模板。如果经常制作试卷，可以将上述制作的试卷公共部分另存为一个模板文件，以后可以利用模板快速制作一份试卷。选择"文件"菜单中的"另存为"命令，在弹出的界面中选择"浏览"命令，在弹出的"另存为"对话框中设置"保存类型"为"Word 模板（*.dotx）"，模板文件名为"试卷模板.dotx"，单击"保存"按钮，即可将文件保存为模板文件，模板文件的扩展名为.dotx。利用模板文件制作试卷，直接双击"试卷模板.dotx"文件就可以生成一个新的 Word 文档。

步骤08 使用公式编辑器。单击"插入"选项卡"符号"选项组中的"公式"下拉按钮，在弹出的下拉列表中有一些常用公式，可以直接选用。如果要输入的公式在"内置"公式中没有，可以自己编辑公式。在文档中输入如图 4.11 所示的内容。

1. 输入以下公式：$x_1 + x^2 = \sum_{n=1}^{5} x^n + \int_a^b f(x)\mathrm{d}x + \alpha + \sin\left(\dfrac{\pi}{5}\right)$。

2. 计算极限 $\lim\limits_{x \to 0} \dfrac{\sqrt{1 + x\sin x} - \cos 2x}{x\tan x}$。

3. 求过 $P_0(4, 2, -3)$ 与平面 π：$x + y + z - 10 = 0$ 平行且与直线 $l_1 : \begin{cases} x + 2y - z - 5 = 0 \\ z - 10 = 0 \end{cases}$ 垂直的直线方程。

4. 设 $f(x) = \begin{cases} xe^{-x}, x \leq 0 \\ \sqrt{2x - x^2}, 0 < x \leq 1 \end{cases}$ 求 $\int_{-3}^{1} f(x)\mathrm{d}x$。

图 4.11　公式

文档的最终排版效果如图 4.9 所示。

三、实践练习

1）在 Word 2016 中输入以下内容（正文保持为五号字），并将其以"W9.docx"为名（保存类型为"Word 文档"）保存在 E 盘中以自己所在系、班级、学号所建立的文件夹中。

① 在文档中添加 H_2O、A^2 两个式子。

② 在文档中添加如下公式。

$$\int_a^x g(x)f(t)\mathrm{d}t = g(x)f(x) + g(x)\int_a^x f(t)\mathrm{d}t$$

2）制作一份本学期、本班的课程表。

提示：制作一份 11 行 8 列的表格，然后将星期一至星期日添到标题列中，将第 1 节到第 10 节添到标题行中，最后将课程名称输入各个单元格中。可根据具体情况适当地增减行数和列数。

3）在 Word 2016 中绘制如图 4.12 所示的图形。

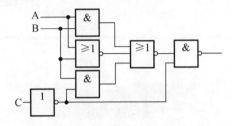

图 4.12　绘图制作的样张

4）在 Word 2016 中绘制如图 4.13 所示的贺卡。

图 4.13　Word 贺卡效果

提示：这个效果中的图形都是用绘图工具绘制的，使用的都是基本形状。背景可选用两种颜色的渐变效果。

5）制作一份校园宣传海报。使用校园风景作为背景；将校训或名人名言放在海报上方正中位置；使用图书馆、主楼或实验楼作为主要景色，放在左侧；将对校园的介绍文字放在下方右侧。

6）用文本框、绘图工具和艺术字工具及对象的组合等功能完成如图 4.14 和图 4.15 所示的效果图。

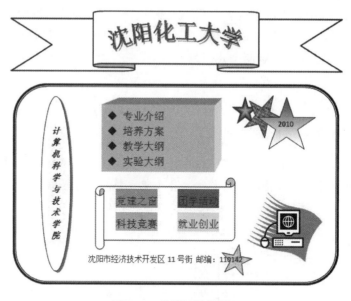

图 4.14　绘图效果样例 1

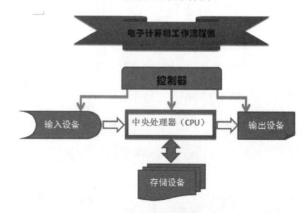

图 4.15　绘图效果样例 2

7）使用 Word 2016 的模板制作一份奖状，内容是表彰李明同学在校计算机大赛中荣获二等奖，如图 4.16 所示。

图 4.16　奖状模板

实验 5

Word 2016 长文档制作

一、实验目的

1）掌握样式的创建与使用方法。
2）了解多级列表的建立方法。
3）掌握设置页眉和页脚的方法。
4）掌握生成目录的方法。
5）掌握为图片和表格设置题注的方法。
6）了解脚注或尾注的使用方法。
7）了解参考文献的标准格式。
8）了解大纲视图的使用方法。

二、实验内容及步骤

在日常工作学习中经常要撰写长文档，如工作报告、宣传手册、毕业论文、书稿等。长文档的特点是纲目结构复杂、内容较多，通常都要几十页甚至数百页。本实验利用 Word 2016 对一篇毕业论文进行排版，使其符合大学本科毕业论文规范。

毕业论文设计除要编写论文的正文内容外，一般还包括封面、摘要、目录、致谢和参考文献等。论文的各组成部分的字体、字形、字号和间距、段落格式的要求各不相同，但论文排版的总体要求是得体大方、重点突出，能很好地表现论文内容，使人赏心悦目。

打开"毕业论文格式设计.docx"文档，依次进行如下操作。

1. 设置段落格式

段落是论文的基本组成部分。正文段落的排版分为文字设置与段落设置。

格式要求：正文文字为宋体、小四；全文段落缩进，左缩进 0 字符，右缩进 0 字符；特殊格式为首行缩进 2 字符；段前间距为 0 行，段后间距为 0 行；行间距为 1.5 倍行距；两端对齐。

（1）文字设置

将正文文字设为宋体、小四。选中文字，单击"开始"选项卡"字体"选项组右下角的对话框启动器，弹出"字体"对话框。在"字体"对话框中将"中文字体"设置为宋体，将西文字体设置为 Times New Roman，将字号设置为小四，然后单击"确定"按钮即可。

另外，论文中一些文字需要设置为粗体、斜体、带下划线的字体，可以直接在"字体"

对话框中进行设置，也可以利用"字体"选项组中的按钮进行设置。当段落中出现数学公式时，可能需要将某些符号设置为下标或上标，可以通过"字体"选项组中的"下标""上标"按钮进行设置，也可以在"字体"对话框中选中"上标"与"下标"复选框。

（2）段落设置

步骤01 段落的文本对齐方式。Word 2016 提供了 5 种文本对齐方式：文本左对齐、文本右对齐、居中、两端对齐、分散对齐。毕业论文的正文段落通常设置为两端对齐，选中段落，单击"开始"选项卡"段落"选项组中的"两端对齐"按钮即可。

步骤02 段落的间距设置。单击"开始"选项卡"段落"选项组右下角的对话框启动器，弹出"段落"对话框。段落间距分为"段前"与"段后"，一般使用"行"或"磅"对段间距进行度量。将段间距设为"段前"0 行和"段后"0 行。行距是指段落中行与行之间的距离，将行距设为"1.5 倍行距"。若将段落的行距设置为"多倍行距"，则可以通过设定"设置值"来调整段落中的行距。在某些特殊情况下，行距还可以设置成某个固定数值，如 18 磅。

中文论文必须遵循段落首行缩进 2 字符的规范。在"段落"对话框的"特殊格式"下拉列表中选择"首行缩进"命令，并在"缩进值"编辑框中输入"2 字符"，然后单击"确定"按钮即可完成该项的设置工作。

2. 设置标题样式

论文中标题样式采取三级标题样式，即一级标题（选择"标题 1"样式，并修改为黑体、三号、加粗、居中、段前 1 行、段后 1 行）、二级标题（选择"标题 2"样式，并修改为楷体、三号、加粗、左对齐、段前 1 行、段后 1 行）、三级标题（选择"标题 3"样式，并修改为宋体、四号、加粗、左对齐、段前 0.5 行、段后 0.5 行）。

步骤01 样式的应用。选中标题"一、绪论"，单击"开始"选项卡"样式"选项组右下角的对话框启动器，打开"样式"窗格，如图 5.1 所示。

步骤02 样式的修改。单击"标题 1"后面的下拉按钮，在弹出的下拉列表中选择"修改"命令，弹出"修改样式"对话框，如图 5.2 所示。在"样式基准"下拉列表中选择"无样式"命令，设置格式为黑体、三号、加粗、居中。单击"格式"下拉按钮，在弹出的下拉列表中选择"段落"命令，弹出"段落"对话框，设置间距为"段前"1 行、"段后"1行，然后单击"确定"按钮。

步骤03 格式化的用法。当设置完成一个"一级标题"后，可以使用"格式刷"按钮来完成其他一级标题的格式化。"格式刷"按钮的用法：先选中设置好的标题"绪论"，再单击"开始"选项卡"剪贴板"选项组中的"格式刷"按钮，鼠标指针变为一个小刷子形状，此时即可用这个小刷子来格式化其他的一级标题。在单击"格式刷"按钮时，单击一次，格式刷可用一次；若是双击，则格式刷可用多次，使用完之后，必须再次单击一次"格式刷"按钮，才能退出格式刷功能。

使用"格式刷"按钮将各章标题（"文献综述""方案设计与论证""设计与实现""结果与评价""结论""致谢"）全部设置为"一级标题"样式。

步骤04 使用上述方法，设置二级标题、三级标题。标题样式如下：二级标题应用"标题 2"样式，字体为楷体、三号、加粗、左对齐，段前 1 行、段后 1 行；三级标题应用"标题 3"样式，字体为宋体、四号、加粗、左对齐，段前 0.5 行、段后 0.5 行。

图 5.1　"样式"窗格　　　　　　　图 5.2　"修改样式"对话框

3. 设置标题多级编号

论文章节标题中包含多级编号，如"一""1.1""1.1.1"等。修改论文时可能要经常调整章节标题的先后顺序，如果采用手动输入编号的方法，则一旦改变章节标题的位置，就需要手动修改相关章节标题的编号，这就使排版效率降低，且容易出错。如果创建多级编号并将其应用到各级标题上，每一级章节标题的编号都由 Word 自动维护，即使任意调整章节标题的位置，或者添加新标题及删除原标题，编号都会按顺序自动排序，可以大大提高排版效率。

在完成各章标题样式设置后，即可为各级节标题设置对应的编号格式。这里要设置以下形式的多级标题编号。

1）章标题：一级标题，编号格式为"一、"。

2）节标题：二级标题，编号格式为"1.1"。

3）小节标题：三级标题，编号格式为"1.1.1"。

步骤01 单击"开始"选项卡"段落"选项组中的"多级列表"下拉按钮，在弹出的下拉列表中选择"定义新的多级列表"命令，如图 5.3 所示，弹出"定义新多级列表"对话框，单击"更多"按钮，展开对话框以便进行更多设置，如图 5.4 所示。

步骤02 在"单击要修改的级别"列表框中选择"1"选项，表示当前正在设置第 1 级编号格式。在"此级别的编号样式"下拉列表中选择"一，二，三（简）…"样式后，则在"输入编号的格式"文本框中显示"一、"，设置编号对齐方式为"居中"。使用相同的方法设置第 2 级编号的格式为"1.1"，第 3 级编号的格式为"1.1.1"。设置第 2 级和第 3 级编号时需要选中"正规形式编号"复选框，然后单击"设置所有级别"按钮，弹出"设置所有级别"对话框，将"每一级的附加缩进量"设置为"0 厘米"。单击两次"确定"按钮，关闭所有的对话框。

步骤03 选中论文中要设置多级编号的所有标题，然后选择新建的多级编号，Word 2016会根据选中的章节标题级别自动为它们设置相应级别的编号，如图 5.5 所示。

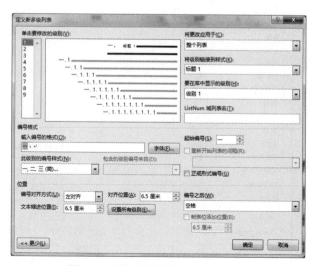

图 5.3　"多级列表"下拉列表　　　　　图 5.4　"定义新多级列表"对话框

一、绪论

1.1 课题来源和背景

1.1.1 课题来源

电子邮件（E-mail）是一种用电子手段提供信息交换的通信方式，是互联网应用最广的服务。现在，电子邮件通过网络的电子邮件系统，已经成为各大公司进行客户服务的强大工具，成为互联网用户之间非常快捷、十分方便、相当可靠且成本低的现代化通讯手段，也是互联网用户使用最为广泛、最受欢迎的服务。并且现在很多企业和高校也采用电子邮件的方式收发作业。目前互联网 75%以上的活动都与电子邮件 E-mail 有关。

1.1.2 课题背景

邮件系统是企业级的服务软件，在公司协同办公和文件管理上有着不可替代的巨大作用。目前的发展趋势是网络环境的普及，人们对电子邮件的熟悉程度已经达到了再熟悉不能了，人们对传统的信件的关系不是依赖，而是不可缺少的。

1.2 课题要研究的问题及意义

电子邮件作为现在重要的通信手段，在各种网络服务中，电子邮件系统以其方便、快捷的特点成为人们进行信息交流的理想工具。通过电子邮件人们可以以十分低廉的代价，以非常快的速度同世界上其他互联网用户联络。电子邮件的使用者数量呈几何级数增长。

图 5.5　设置多级编号标题样例

4. 设置页眉和页脚

一般来说，论文的页眉位置要设置标记，页脚位置要设置页码，但是封面不需要页眉和页脚，可以利用分节符将封面与其他页分开。在设置完分节符后，就可以在同一文档中设置不同样式的页码。例如，目录页码格式是"i，ii，iii…"形式，中、英文摘要页使用"Ⅰ，Ⅱ，Ⅲ…"形式，正文使用"1，2，3…"形式等。

（1）插入分节符

将光标移动到封面的最后，单击"布局"选项卡"页面设置"选项组中的"分隔符"下拉按钮，在弹出的下拉列表中选择"分节符"→"下一页"命令，如图 5.6 所示，即可在封面后插入分节符。在每个需要分节的地方（每一章结尾处）都按以上步骤插入一个（下一页）分节符。

（2）设置首页不同及奇偶页不同

步骤01　双面打印。将论文的偶数页页眉设置为"沈阳化工大学学士学位论文"，小五号、宋体、居中；奇数页页眉设置为章名，小五号、宋体、居中。先设置奇偶页不同，再分别设置相应的页眉。设置页脚插入的页码时，奇数页在右下角，偶数页在左下角。

单击"布局"选项卡"页面设置"选项组右下角的对话框启动器，弹出"页面设置"对话框，在"版式"选项卡"页眉和页脚"选项组中选中"奇偶页不同"复选框，如图5.7所示，然后单击"确定"按钮即可。如果论文封面不包含页眉和页脚，则选中"首页不同"复选框。

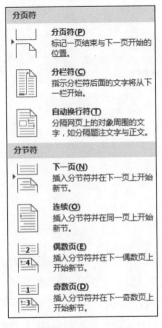

图 5.6　插入分节符

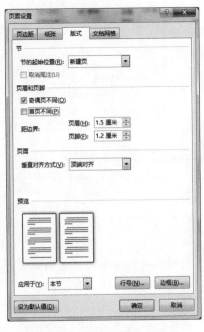

图 5.7　设置奇偶页不同

单击"插入"选项卡"页眉和页脚"选项组中的"页眉"下拉按钮，在弹出的下拉列表中选择"编辑页眉"命令，出现如图5.8所示的页眉编辑窗口。

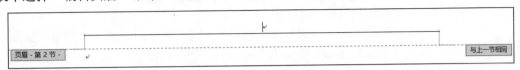

图 5.8　双面打印页眉编辑窗口

将光标移动到页眉位置，单击"页眉和页脚工具-设计"选项卡"导航"选项组中的"链接到前一条页眉"按钮，即可取消"与上一节相同"，这样只有正文部分才设置页眉。在页眉线上方输入"沈阳化工大学学士学位论文"，如图5.9所示。

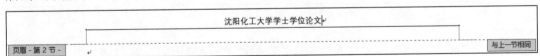

图 5.9　偶数页页眉的设置

输入偶数页页眉后，将光标移到奇数页页眉的位置，单击"插入"选项卡"文本"选项组中的"文档部件"下拉按钮，在弹出的下拉列表中选择"域"命令，弹出"域"对话框，如图 5.10 所示。在"域名"列表框中选择"StyleRef"选项，在"样式名"列表框中选择"标题 1"样式，然后单击"确定"按钮，即可在奇数页页眉插入该章节的标题，如图 5.11 所示。

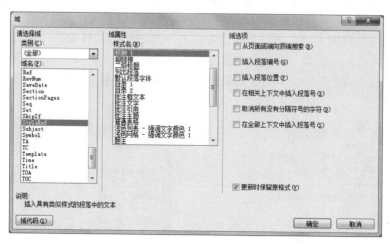

图 5.10 "域"对话框

图 5.11 奇数页页眉的设置

设置页码。将鼠标指针移到偶数页的页脚，单击"插入"选项卡"页眉和页脚"选项组中的"页码"下拉按钮，在弹出的下拉列表中选择"页面底端"中的"普通数字 1"命令，页码使用左对齐方式。再将鼠标指针移到奇数页的页脚，单击"插入"选项卡"页眉和页脚"选项组中的"页码"下拉按钮，在弹出的下拉列表中选择"页面底端"中的"普通数字 3"命令，页码使用右对齐方式。

步骤02 单面打印。论文若为单面打印，则需在每一页上体现"沈阳化工大学学士学位论文"和章名信息，因此，不再需要进行奇偶页不同的设置。设置"沈阳化工大学学士学位论文"居页眉左，章名居页眉右。

首先在每一章结尾处插入（下一页）分节符，然后将光标定位在"一、绪论"页面，单击"插入"选项卡"页眉和页脚"选项组中的"页眉"下拉按钮，在弹出的下拉列表中选择"空白（三栏）"命令，插入空白页眉。单击"页眉和页脚工具-设计"选项卡"导航"选项组中的"链接到前一条页眉"按钮，取消"与上一节相同"，如图 5.12 所示。

图 5.12 插入空白页眉

在左侧"[在此处键入]"处输入"沈阳化工大学学士学位论文"，在右侧"[在此处键入]"处输入"第一章　绪论"，删除居中的"[在此处键入]"，效果如图 5.13 所示。

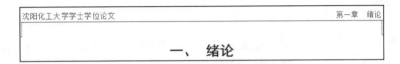

图 5.13 单面打印页眉效果

将光标定位在"二、文献综述"页面,页眉上显示的内容与上一节页眉显示内容相同。再次单击"页眉和页脚工具-设计"选项卡"导航"选项组中的"链接到前一条页眉"按钮,取消"与上一节相同",手动将页眉修改为"第二章 文献综述"。按照上述方法,将后续每一章的页眉修改为符合本章标题内容的页眉样式,即可完成论文页眉的设置。

添加页码。将光标定位在正文第一张页面,单击"插入"选项卡"页眉和页脚"选项组中的"页码"下拉按钮,在弹出的下拉列表中选择"页面底端"中的任一样式即可添加页码。若要设置页码格式,则单击"插入"选项卡"页眉和页脚"选项组中的"页码"下拉按钮,在弹出的下拉列表中选择"设置页码格式"命令,弹出"页码格式"对话框,如图 5.14 所示。在"页码编号"选项组中选中"起始页码"单选按钮,并将编辑框中的数值设为 1,然后单击"确定"按钮,即可完成正文部分阿拉伯数字页码的设置。

在对论文排版时经常会遇到将论文的摘要与目录部分设置为罗马数字的页码,而将正文部分设置为阿拉伯数字的页码的 图 5.14 "页码格式"对话框情况。在设置摘要等处的页码时,只需在"页码格式"对话框中的"编号格式"下拉列表中选择罗马数字的样式;而设置正文部分的页码时需重新对页码进行编号,选中"起始页码"单选按钮,并将编辑框中的数值设置为 1。

部分论文页眉和页脚设置样例如图 5.15 所示。

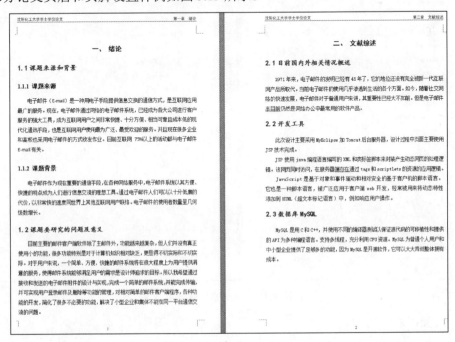

图 5.15 页眉页脚设置样例

5. 生成论文目录

当整篇论文排版完成后，即可生成论文目录。Word 2016 提供了完善的目录编辑功能，能够帮助用户创建多级目录。创建目录的步骤如下。

图 5.16　"目录"对话框

步骤01 单击"引用"选项卡"目录"选项组中的"目录"下拉按钮，在弹出的下拉列表中选择"自定义目录"命令，弹出"目录"对话框，如图 5.16 所示。

步骤02 选中"目录"对话框中的"显示页码"复选框，在生成的目录中显示各章节的页码。选中"页码右对齐"复选框，在生成的目录中使所有章节的页码右对齐。

步骤03 将"显示级别"设置为3，对应论文中的三级目录结构，单击"确定"按钮，生成目录。

步骤04 由于生成的目录中的字体均采用正文的样式，需要在此基础上对目录中各级标题的字号进行进一步设置。将"目录"两个字设置为黑体、三号、居中，一级标题设置为楷体、四号、加粗，二级标题设置为楷体、四号，三级标题设置为楷体、四号、倾斜。

步骤05 为了使目录显示美观，需要对各级标题进行适当的缩进。在"段落"对话框中设置一级标题左缩进 2 字符，二级标题左缩进 2 字符，三级标题左缩进 3 字符。

论文的目录效果如图 5.17 所示。

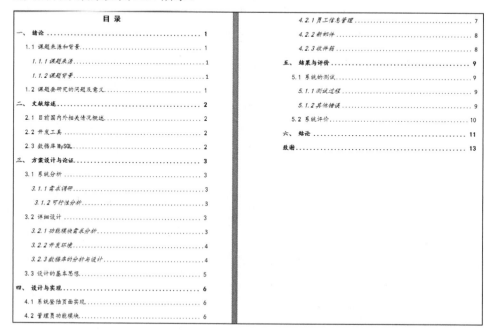

图 5.17　论文的目录效果

6. 设置图表编码

论文中通常包含大量的图片和表格，因此要对其中的图片和表格进行编号并添加简要的说明文字，以便在正文中通过编号来引用特定的图片和表格。手动添加编号，若添加或删除图片和表格，或者调整图片和表格前后顺序，则必须重新修改编号。Word 2016 的题注功能允许用户为图片和表格添加自动编号，这些编号由 Word 2016 维护，在图片和表格的位置和数量发生变化时，题注编号可以自动更新以保持正确的排序。

在论文排版中，图片和表格的题注编号通常由两部分组成，题注中的第 1 个数字表示图片或表格所在论文的章编号，题注中的第 2 个数字表示图片或表格在当前章中的流水号。例如，"图 3.1"表示第 3 章第 1 个图片，"表 2.4"表示第 2 章第 4 个表格。

（1）为图片添加题注

论文中经常需要插入图片来说明问题。Word 2016 提供了多种图片的添加方式。用户可以将已有的图片插入文档中，也可以直接在文档中绘制简单的示意图。除此之外，还可以利用 Office 套件中的绘图软件 Visio 来绘制图形，并将其插入 Word 文档中。

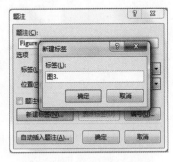

图 5.18　"题注"对话框

为第 3 章"邮件系统功能模块图"添加题注，选中图片并右击，在弹出的快捷菜单中选择"插入题注"命令，弹出"题注"对话框，单击"新建标签"按钮，弹出"新建标签"对话框，在"标签"文本框中输入"图 3."，如图 5.18 所示。

单击"确定"按钮返回"题注"对话框。在"题注"文本框中默认的内容为"图 3.1"，输入一个空格，然后输入图片的说明文字"邮件系统功能模块图"，以使文字与题注编号之间保留一定距离。然后单击"确定"按钮，插入题注，结果如图 5.19 所示。

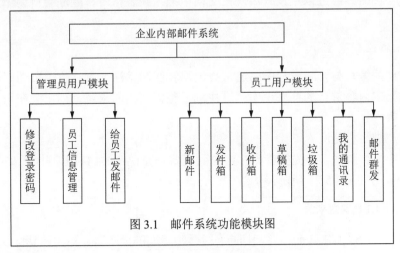

图 3.1　邮件系统功能模块图

图 5.19　为图片插入题注

按照上述方法，给后续每一章中的图片添加题注。

（2）为表格添加题注

论文中的表格通常采用三线表，并使用阿拉伯数字编排序号，表格较多时可按章排序。每一个表格应有简短确切的题名，连同表号置于表上。必要时，应将表中的符号、标记、代码及需要说明的事项，以最简练的文字横排于表题下，作为表注，也可以附注于表下。表内同一栏的数字必须上下对齐。表内一律输入具体数字或文字。"空白"代表未测或无此项，"…"代表未发现，"0"代表实测结果为零。

为第 3 章第 1 个表格添加题注时，首先要选中整个表格，然后右击，在弹出的快捷菜单中选择"插入题注"命令，弹出"题注"对话框，单击"新建标签"按钮，弹出"新建标签"对话框，在"标签"文本框中输入"表 3."，然后单击"确定"按钮返回"题注"对话框。在"题注"文本框中默认的内容为"表 3.1"，输入一个空格，然后输入表格的说明文字"员工信息表"，在"位置"下拉列表中选择"所选项目上方"命令，然后单击"确定"按钮，插入表格题注，如图 5.20 所示。

表 3.1 员工信息表

列名	数据类型	长度	允许空	是否主键	说明
user_id	int	4	否	是	编号
user_name	varchar	50	否	否	登录名
user_pw	varchar	50	否	否	密码
user_realname	varchar	50	否	否	真实姓名
user_sex	varchar	50	否	否	性别
user_tel	varchar	50	否	否	联系电话
user_address	varchar	50	否	否	住址

图 5.20 为表格插入题注

按照上述方法，给后续每一章中的表格添加题注。

（3）自动添加题注

Word 2016 允许每次在文档中插入图片或表格时自动添加题注。单击"题注"对话框中的"自动插入题注"按钮，弹出"自动插入题注"对话框，在"插入时添加题注"列表框中选中"Microsoft Word 表格"复选框，选择自动插入题注使用的标签和编号格式，然后单击"确定"按钮。经过以上设置后，在文档中插入新表格时，题注会自动添加到表格的上方或下方。

7. 插入脚注和尾注

在长文档的编写与排版过程中，通常会使用脚注和尾注。脚注位于页面底部，是对当前页面中的指定内容进行的补充说明。尾注位于整篇文档的末尾，列出了在正文中标记的引文的出处等内容。

（1）添加脚注和尾注

在论文中添加脚注，首先要将光标定位到需要补充说明的内容右侧（正文第一章 1.1.1 节中"E-mail"），如图 5.21 所示。

1.1.1 课题来源

电子邮件（E-mail[1]）是一种用电子手段提供信息交换的通信方式，是互联网应用

图 5.21 确定脚注位置

然后单击"引用"选项卡"脚注"选项组中的"插入脚注"按钮，光标被自动定义到页面底部，输入对"E-mail"的说明性内容"E-mail 是 Electronic Mail 的缩写"，如图 5.22 所示。

能的开发，简化了很多不必要的功能，解决了小型企业和集体不能在同一平台通信交

[1] E-mail 是 Electronic Mail 的缩写

图 5.22 添加脚注

如果在一个页面中添加了多个脚注，或者调整了脚注的位置，则脚注引用标记都将自动排序。脚注引用标记是指正文内容右侧的数字编号。

尾注与脚注除了在文档中的位置不同，其他操作基本相同。可以单击"引用"选项卡"脚注"选项组中的"插入尾注"按钮，在文档末尾添加尾注。

（2）改变脚注和尾注的位置

脚注不一定位于页面底部，尾注也不一定位于文档结尾，可以通过设置改变脚注和尾注的位置。单击"引用"选项卡"脚注"选项组右下角的对话框启动器，弹出"脚注和尾注"对话框，如图 5.23 所示。当选中"脚注"单选按钮时，可以改变脚注的位置；当选中"尾注"单选按钮时，可以改变尾注的位置。

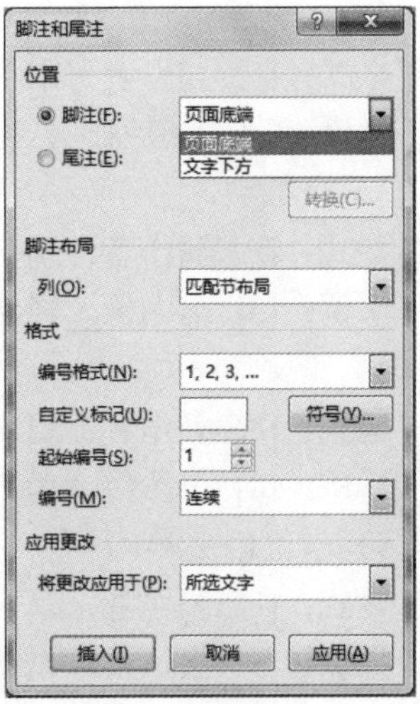

图 5.23　"脚注和尾注"对话框

8. 参考文献的输入

撰写论文时经常会引用参考文献中的观点、理论、公式等。根据科技论文写作规范，作者在论文排版时需要在引用文献处做出适当的标记，并在完成正文撰写后按引用顺序列出参考文献的详细信息。

参考文献的输入有两种方法：一是传统的输入方法，二是插入尾注的方法。

（1）用传统的输入方法输入参考文献

因为在正文中，不同的章节有不同的页眉，这就需要给正文分多个节，用户用传统的输入方法来输入参考文献，即在正文中需要插入参考文献的位置输入上标带中括号的序号，再在文末的参考文献中对应正文中的序号输入参考文献。

（2）用插入尾注的方法输入参考文献

写论文时可以用插入尾注的方法插入参考文献，但前提是正文必须在一节中。如果正文分多个节，不同的章有不同的页眉，则无法用插入尾注的方法来插入参考文献。因为尾注有两个选项，一个是节的结尾，另一个是文档结尾。如果是节的结尾，还有方法来实现正文后面"致谢"内容的输入；如果是文档结尾，Word 2016 默认后面输入的内容都是尾注的内容，参考文献后面的标题将无法提取到目录中。当然，如果论文没有要求每个章节有不同的页眉，或者没有页眉，则可以使正文在一个节中，即可用尾注的方法来实现。这种方法的优点是正文中的序号和后面的参考文献中的序号具有链接功能，双击某处的参考文献序号，光标会自动跳转到与该序号相同的另一处，还能自动编号，同时，若删除正文中的参考文献序号，则对应的文件尾的参考文献会自动删除。

参考文献的输入应符合国家有关标准（遵照 GB/T 7714—2015《信息与文献　参考文献著录规则》执行）。

以下是常用参考文献的标识和格式。

1）期刊类。

格式：[序号]作者. 篇名[J]. 刊名，出版年份，卷号（期号）：起止页码.

举例：[1] 袁庆龙，侯文义. Ni-P 合金镀层组织形貌及显微硬度研究[J]. 太原理工大学学报，2001，32(1)：51-53.

2）专著类。

格式：[序号]作者. 书名[M]. 出版地：出版社，出版年份：起止页码.

举例：[2] 刘国钧，王连成. 图书馆史研究[M]. 北京：高等教育出版社，1979：15-18.

3）报纸类。

格式：[序号]作者. 篇名[N]. 报纸名，出版日期（版次）.

举例：[3] 李大伦. 经济全球化的重要性[N]. 光明日报，1998-12-27(3).

4）论文集。

格式：[序号]作者. 篇名[C]. 出版地：出版者，出版年份：起止页码.

举例：[4] 伍蠡甫. 西方文论选[C]. 上海：上海译文出版社，1979：12-17.

5）学位论文类。

格式：[序号]作者. 篇名[D]. 出版地：出版者，出版年份：起止页码.

举例：[5] 张筑生. 微分半动力系统的不变集[D]. 北京：北京大学，1983：1-7.

6）网络电子公告类。

格式：[序号]作者. 电子文献题名[EB/OL].（发表或更新的日期）[作者引用日期]. 电子文献网址.

举例：[6] 王明亮. 关于中国学术期刊标准化数据库系统工程的进展[EB/OL].（1998-08-16）[2009-09-05]. http://www.cajcd.edu.cn/pub/wml.txt/980810-2.html.

按照上述参考文献的标准格式，重新设置文末给出的参考文献格式。

9. 排版常用视图

视图决定了文档在计算机屏幕上以何种方式显示。在不同的视图环境下为用户提供了不同的工具。在对每一篇文档进行排版时，可以根据当前正在进行的操作切换到最适宜的视图环境。Word 2016 排版中比较常用的两种视图是页面视图和大纲视图。

（1）页面视图

在页面视图中可以看到文档中的每一页及其中包含的所有元素（摘要、目录、正文、页眉、页脚、尾注、参考文献等）。同时，页面视图也很好地显示了文档打印时的外观，即通常所说的所见即所得。

有两种方法可以切换到页面视图：一是单击 Word 窗口底部状态栏中的"页面视图"按钮，二是单击"视图"选项卡"视图"选项组中的"页面视图"按钮，如图 5.24 所示。

图 5.24 "页面视图"按钮

（2）大纲视图

大纲视图通常用于确定文档的整体结构，就像书籍中的目录一样。在大纲视图中可以输入并修改文档的各级标题，用于构思和调整文档的整体结构，完成后返回页面视图以编写文档的具体内容。切换到大纲视图后，可以在"大纲"选项卡的"大纲工具"选项组中设置显示的标题级别，如图 5.25 所示。

图 5.25　显示 1~3 级标题的大纲视图

大纲视图的一个优势是可以随时对不符合要求的标题级别进行调整。可以根据需要将原来的一级标题降级为二级标题，只需单击标题所在的行，然后在"大纲级别"下拉列表中选择希望降级到的标题级别即可。例如，将"2.3 数据库 MySQL"降级为"2.2.1 数据库 MySQL"，如图 5.26 和图 5.27 所示。

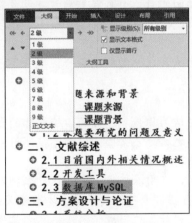

图 5.26　降级前

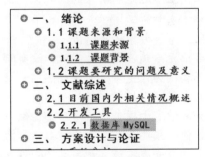

图 5.27　降级后

三、实践练习

新建一个 Word 文档，输入以下内容（注意以下文字的每章的一级标题和二级标题要原样输入，每章后插入一个分页符）。

第一章　展望

转眼我已站在大一生活的尽头，想起新生报到时的羞涩、稚气，怀念骄阳下军训时的无奈、辛苦和幸福，忆起社团面试时的夹杂着畏缩的刚强，还有初入校园时的那份莫名的失落，第一个中秋节时对父母、朋友的思念——心中有太多的感慨。

当我们还不了解真正的大学生活的时候，面对着前方要走的四年漫漫长路，有过许多的幻想，当我们拿到留有许多空白的课程表时，所有的人都大吃一惊，那时的我们突然感到手足无措。第一次坐在大学的教室里听课，我抑制不住那份激动和兴奋。

摆脱了备战高考的那份压力和学校严格的管制，我转变了许多，我开始了一次又一次的尝试，但那时的我却总忘不了自己曾经在别人眼中的佼佼者形象。或许这就是曾经的无知，可无知终究要在现实面前低头的，不久以后所有的一切证明了这一至理名言。

社团招新的时候我见到了从来没遇到过的场面，当我转了一圈又一圈以后，那份新奇却越来越少，而失望的情绪越来越强烈，我才发现曾经的自己太无知，没有抓住机遇锻炼自己，失去了太多与别人竞争的筹码，经过了几次面试的失败，我终于加入了一个社团，那夜的我竟然为了这个小小的成绩给爸爸打了一个电话。

到此似乎所有的波澜都在慢慢恢复平静，我们开始在宿舍抱怨大学生活的无聊，没有作业，没有考试的压力，我们无所事事，那时我们才发觉忙着真好，只有忙着才能找到久违的充实与成就感，面对即将到来的期末考试，我们没有了高中参加模拟考的那种自信满满，只有拼命地去翻那些陌生的课本。

第二章　大学生活二三事

2.1 军训

记得有一次，队列中传出一个洪亮而铿锵有力的声音："报告排长，我要上厕所！"排长回答说："出列，速战速决！"每每回想起军训的日子，我常常会流下激动的泪水。因为我不相信，那些到了后来视迟到为家常便饭，还经常大摇大摆地穿着拖鞋背心就闯进教室的人居然会是我们。经历大学四年，我们彻底改变了！

2.2 生病

在一个寒冷的夜晚，我病了，高烧、浑身发料。我叫舍友给我弄点热水，他迷迷糊糊地回答我等天亮了再说，然后又翻身睡着了。我开始回想自己小时候生病时，母亲整夜陪着我抱着我。而这一次，只有泪水和孤独陪伴我度过这个难熬的夜晚。

2.3 社团

社团里永远充满新人的面孔，他们热情洋溢，活泼开朗，时刻准备着挑战自己。社团永远属于大一新生！

第三章　大学生活感悟

专业无冷热，学校无高低。没有哪个用人单位会认为你代表了你的学校或你的专业。千万不要因为你是名牌大学或热门专业而沾沾自喜，也大可不必因为你的学校不好或专业冷门而自卑。千招会，不如一招熟。十个百分之十并不是百分之百，而是零。

如果你有十项工作，每项都会做百分之十，那么，在用人单位眼中，你什么都不会。所以，你必须要让自己具备核心竞争力，"通才"只有在"专才"的基础上才有意义。

大部分女生将计算机当成了影碟机，大部分男生将计算机当成了游戏机。大学生要掌握必要的计算机操作能力，但是，很多时候计算机会成为浪费时间的借口。有计算机的大学生非常多，可是，这中间很多人可能大学毕业的时候还不会 Excel，不会做一个像样的PPT。

互联网固然威力无穷，但是，如果你沉迷于网络聊天，或者沉迷于网络游戏，浪费的金钱倒是可以弥补，荒废的青春就无可追寻了。

第四章　大四生活

恍然间自己进入了大四，马上毕业了，先去绍兴的一个高中学习，我想我去的原因是我想感受一下正规的高中教学生活是怎么样的，我想这样可以进一步明确我自己的选择，选择自己喜欢的职业，也尝试一下正规老师的感觉。

中国的饮食文化其实很特别，就单单年糕这么简单的东西，在我家乡是年糕炒肉，而在绍兴那里是年糕加豆腐，而且如果不加豆腐那是很奇怪的事情，于是就这样吃了快两个月，体重长了 4 斤，豆腐看来真的很营养。那里的学生很单纯也很可爱，我曾在那里办过一场讲座，第一次面对几千人的听众，还有学校领导，那一刻我代表的是我们学校，我所说的可能会留下好的印象，也有可能是坏的印象，在演讲前其实我很紧张，我一个人找了个安静的地方深呼吸，然后告诉自己我是最棒的，而这一切同学都不可能知道，最终我成功了，我开始在那个学校变得有名，甚至我离开的时候有很多人要求我在他们衣服上签名，还好，我早就设计过自己的英文签名，所以一切都很如意的实习结束，而我也真正明白当高中老师那绝对不是我要的生活，我要的人生。在别人所谓的安稳的工作里过自己并不希望的生活，那并不是我要的！可能有人会说我太自我，可是为自己的人生活着又有什么错呢，父母都希望儿女快乐，而我选择可以让我快乐并充满希望。

要求如下：

1）生成如图 5.28 所示的目录（注意根据所示效果将上述文字按章分页）。

图 5.28　生成的目录效果图

2）添加奇偶页不同的页眉，页码用阿拉伯数字（小五号字、宋体、居中）连续编码，页码由第一章的首页开始作为第 1 页。

提示： 页眉或页码格式发生变化，则需要分节，方法是单击"页面布局"选项卡"页面设置"选项组中的"分隔符"下拉按钮，选择分节符。页眉和页码在"插入"选项卡中设置。

若要自动生成目录，必须先将章节号按样式分级设置好，标题可设为"标题 1""标题 2"和"标题 3"，然后单击"引用"选项卡"目录"选项组中的"目录"下拉按钮，在弹出的下拉列表中选择一种内置样式或手动建立目录。若标题样式初始列表中只有"标题 1"，可以单击"开始"选项卡"样式"选项组右下角的对话框启动器，打开"样式"窗格，单击右下角的"选项"超链接，弹出"样式窗格选项"对话框，如图 5.29 所示，在"样式窗格选项"对话框中选中"在使用了上一级别时显示下一标题"复选框，在"样式"中会自动显示"标题 2"。

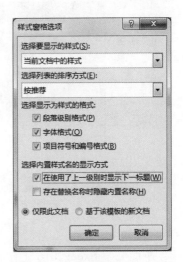

图 5.29　"样式窗格选项"对话框

实验 6

Excel 2016 基本格式化

一、实验目的

1）熟悉 Excel 2016 的界面。

2）掌握 Excel 2016 的常用操作。

3）掌握常用的创建、编辑表格的基本操作。

4）掌握图表格式化的基本操作。

二、实验内容及步骤

1. 观察 Excel 2016 的工作界面

单击"开始"按钮，在弹出的"开始"菜单中选择"所有程序"命令，在弹出的菜单"Microsoft Office"文件夹中的"Microsoft Excel 2016"命令，进入 Excel 的工作界面，如图 6.1 所示。

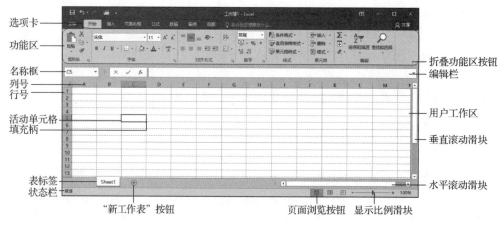

图 6.1　Excel 2016 的工作界面

下面介绍 Excel 2016 工作界面的构成元素。

1）活动单元格：黑色轮廓线表明当前活动单元格，单元格是工作表中的最小数据区。

2）列号：列号范围为字符 A～XFD。单击列号字符可以选中当前列的所有单元格，也可以拖动列号边界改变列的宽度。

3）行号：行号数字范围为 1～1048576，其中，每一个数字对应工作表的一行。单击行号数字可以选中一行所有单元格。

4）编辑栏：用户向某单元格输入的数据或公式将出现在此处。

5）水平滚动滑块：拖动此滑块可以使工作表产生水平移动。

6）垂直滚动滑块：拖动此滑块可以使工作表产生垂直移动。

7）折叠功能区按钮：单击此按钮可以隐藏功能区。

8）名称框：名称框显示活动单元格地址或被选中单元格、范围或对象的名称。

9）页面浏览按钮：单击其中一个按钮可以改变工作表的显示方式。

10）功能区：它是 Excel 命令的主要位置，其中包含各种命令及对话框的激活按钮。

11）表标签：一个工作簿可以包含许多工作表，每个工作表的名称显示在表标签上。

12）"新工作表"按钮：默认情况下，每一个新工作簿包含 1 个工作表。单击"新工作表"按钮可以插入一个新的工作表。"新工作表"按钮位于最后一个表标签位置。

13）状态栏：状态栏显示了键盘上的数字锁定键、大写字母锁定键及滚动锁定键的状态，也显示被选中的一系列单元格的概要信息。右击状态栏可以改变所显示的信息。

14）显示比例滑块：使用此滑块使工作表产生缩放。通常情况下工作表是以 100%的缩放比例显示的，缩放比例范围为 10%～400%。缩小比例能使人得到工作表页面布局的鸟瞰视图，放大比例能使人容易看清楚微小字体。但是缩放没有改变字体的实际大小，所以不会影响打印输出结果。

2. 在工作表中输入数据

使用第一个工作表（名称为 Sheet1）建立一个简单的包含图表在内的月份销售计划表，这个表由两列信息组成。列 A 包含月份名称，列 B 存储计划销售额。起始行可以输入一些描述性的标题。按以下步骤输入销售信息。

步骤01 用方向键或鼠标移动单元格指针到单元格 A1 位置，名称框中将显示该单元格的地址。

步骤02 输入"月份"到单元格 A1 并按【Enter】键结束。

步骤03 选择单元格 B1，输入"预期销售额"，然后按【Enter】键结束。

步骤04 输入月份：选中单元格 A2，输入"一月"。类似地，可以在其他单元格输入其他月份，也可以利用 Excel 自动填充功能快速填充其他月份。首先要确认单元格 A2 被选中，即确认单元格 A2 是活动单元格（单元格被深色轮廓线包围，在轮廓线右下角有一个被称为填充柄的小方块）。将鼠标指针移到填充柄上面，按住鼠标左键从单元格 A2 向下拖动到单元格 A13。释放鼠标左键，可以发现 Excel 自动填充了其他月份。

步骤05 输入销售数据：在 B 列输入预期销售额数据。假设一月份销售额是 50000，后续月份销售额均以 3.5%增长。选中单元格 B2，并输入销售额 50000，然后选中单元格 B3，并输入公式"=B2*103.5%"。确认单元格 B3 已被选中，按住鼠标左键将单元格轮廓线右下角的填充柄从单元格 B3 拖动到单元格 B13，释放鼠标左键。最终生成的工作表效果如图 6.2 所示。

（注意）

1）Excel 中的公式都是以"="开头的。

2）在 B 列中，除了单元格 B2，其他销售额数据都是由公式计算得到的。尝试改变单元格 B2 中的数据并按【Enter】键，可以发现 B 列其他数据自动重新计算并显示。

3. 格式化工作表

有些工作表中的数据可能很难让人看明白，因为它们还没有被格式化。应用数据格式化命令可使数据易于读懂，并尽可能使它们与字面含义保持一致。对图 6.2 所示工作表的数据进行格式化，遵循以下操作步骤。

步骤01 单击单元格 B2 并按住鼠标左键拖动到单元格 B13。

> **注意**
>
> 在拖动鼠标的过程中，鼠标指针（此时呈空心十字）必须位于单元格边界内，不要拖动单元格的填充柄。

步骤02 单击"开始"选项卡"数字"选项组中的"数字格式"下拉按钮，在弹出的下拉列表中选择"货币"命令。表中每个销售额数据将出现一个货币符号，默认情况下保留 2 位小数。如果销售额数据此时显示为一系列#，请拖动 B 列边界增加列宽。

步骤03 在销售计划表范围内将鼠标指针定位到任意一个有数据的单元格上，单击"插入"选项卡"表格"选项组中的"表格"按钮，将弹出"创建表"对话框以便确认它覆盖的范围，可以按住鼠标左键重新选择表格的覆盖范围为单元格区域 A1:B13，然后单击"确定"按钮，Excel 将应用默认表格样式到当前工作表，如图 6.3 所示。

	A	B	C
1	月份	预期销售额	
2	一月	50000	
3	二月	51750	
4	三月	53561.25	
5	四月	55435.89	
6	五月	57376.15	
7	六月	59384.32	
8	七月	61462.77	
9	八月	63613.96	
10	九月	65840.45	
11	十月	68144.87	
12	十一月	70529.94	
13	十二月	72998.49	
14			

图 6.2　一个销售规划工作表

	A	B
1	月份 ▼	预期销售额 ▼
2	一月	¥50,000.00
3	二月	¥51,750.00
4	三月	¥53,561.25
5	四月	¥55,435.89
6	五月	¥57,376.15
7	六月	¥59,384.32
8	七月	¥61,462.77
9	八月	¥63,613.96
10	九月	¥65,840.45
11	十月	¥68,144.87
12	十一月	¥70,529.94
13	十二月	¥72,998.49

图 6.3　自动套用工作表样式

步骤04 可以通过选择"表格工具-设计"选项卡"表格样式"选项组中的样式应用于当前工作表。

4. 数据的图表化

生成数据图表的操作步骤如下。

步骤01 选择工作表中任意一个包含数据的单元格。

步骤02 单击"插入"选项卡"图表"选项组中的"插入柱形图或条形图"下拉按钮，在弹出的下拉列表中选择"簇状柱形图"图表。Excel 将在屏幕中央插入一个图表，如图 6.4 所示。单击图表边界并拖动可以将图表移动到其他位置。利用"图表工具"选项卡可以更改图表的外观和样式。

图 6.4 图表生成示例

5. 表格的创建与处理

将以下数据输入 Excel 的一个工作表中，如图 6.5 所示。

对图 6.5 所示的数据表格进行如下操作。

1）将单元格区域 A1:E1 合并并居中，其字号为
16 号、加粗、隶书。

2）将单元格区域 A2:E2 的字体加粗、居中。

3）使用公式计算单元格区域 B9:E9 每种电器销
售总量，给整个表格添加粗实线外边框和细实线内边
框，线条颜色均为黑色。

	A	B	C	D	E
1	销售情况统计表				
2	日期	彩电	冰箱	电扇	洗衣机
3	1	23000	56000	56200	120003
4	2	23420	23740	34210	14320
5	3	12003	13000	14000	15000
6	4	16000	17000	18000	19000
7	5	23420	22003	23000	11000
8	6	22003	16789	12812	12845
9	销售统计				

图 6.5 电器销售情况统计

4）根据销售统计和销售种类画出一个任意类型
的嵌入式图表，并调整图表位置和大小。操作结果如图 6.6 所示。

图 6.6 电器销售情况统计的最终效果

操作步骤如下。

步骤01 按题目要求在 Excel 工作簿的某工作表中输入本题目要求的数据。选择单元格
区域 A1:E1 并右击，在弹出的快捷菜单中选择"设置单元格格式"命令，在弹出的"设置
单元格格式"对话框中选择"对齐"选项卡，将"文本对齐方式"选项组中的"水平对齐"
设置为居中，选中"文本控制"选项组中的"合并单元格"复选框；选择"字体"选项卡，
设置字号为 16、字形为加粗、字体为隶书，然后单击"确定"按钮。

步骤02 选中单元格区域 A2:E2，单击"开始"选项卡"字体"选项组中的"加粗"按
钮，并单击"对齐方式"选项组中的"居中"按钮。

步骤03 选择单元格 B9，单击编辑栏左侧的"插入函数"按钮，在弹出的"插入函数"对话框中选择"SUM"函数，然后单击"确定"按钮，弹出"函数参数"对话框。注意"函数参数"对话框中的参数"Number1"是否为单元格区域 B3:B8，如果不是，应在工作表中重新选择单元格区域 B3:B8；否则直接单击"确定"按钮结束操作，此时可发现编辑栏中出现公式"=SUM(B3:B8)"。如果"彩电"销售统计结果显示不正常，双击列号 B 和 C 之间的间隔线即可使数据正常显示。选择单元格 B9，使用鼠标水平拖动单元格 B9 的填充柄一直到单元格 E9，然后单击"开始"选项卡"单元格"选项组中的"格式"下拉按钮，在弹出的下拉列表中选择"自动调整列宽"命令。选择单元格区域 A1:E9 并右击，在弹出的快捷菜单中选择"设置单元格格式"命令，在弹出的"设置单元格格式"对话框中选择"边框"选项卡，选择"线条样式"为粗实线，并选择"预置"选项组中的"外边框"；然后选择"线条样式"为细实线，并选择"预置"选项组中的"内部"，最后单击"确定"按钮。

步骤04 选择单元格区域 B2:E2，按住【Ctrl】键不放，选择单元格区域 B9:E9，单击"插入"选项卡"图表"选项组中的"插入柱形图或条形图"下拉按钮，在弹出的下拉列表中选择二维簇状柱形图即可生成如图 6.6 所示的图表。

三、实践练习

将以下数据输入 Excel 的 Sheet1 工作表中，如图 6.7 所示。

	A	B	C	D	E	F
1	姓名	工龄	基本工资	奖金	水电费	实发工资
2	陈燕	4	1667.3	420	80.88	
3	李小勇	5	1756.55	530	95.6	
4	王微	8	2259.8	950	75.45	
5	胡大为	2	1687.78	500	105.9	
6	王军	3	1564	460	79.65	
7	张东风	9	2376.38	860	67.46	
8	于晓晓	4	1778.3	610	39.65	
9						
10	平均					
11						
12		工龄不满5年职工的奖金和：				
13						

图 6.7　职工工资表

1）在工作表 Sheet1 中完成如下操作。

① 在列 A 前插入一行，输入内容为"东方大厦职工工资表"，字体设置为楷体，字号为 16，字体颜色为标准色紫色，并将单元格区域 A1:F1 设置为合并后居中。

② 将姓名列单元格区域 A3:A9 水平对齐方式设置为分散对齐（缩进），其他区域水平对齐方式设置为居中。

③ 单元格区域 A2:F2 栏目名行字体为黑体、14 号，单元格区域 A1:F11 设置内外边框线颜色为标准色绿色，样式为细实线。

④ 利用公式计算实发工资（实发工资=基本工资+奖金-水电费），用函数计算各项平均值（不包括工龄，结果保留 2 位小数）。

⑤ 在单元格 E13 中利用函数统计工龄不满 5 年职工的奖金和。

⑥ 建立簇状柱形图表比较后 3 位职工的基本工资、奖金和实发工资情况。图例为职工姓名，图表样式选择"图表样式 26"，形状样式选择"细微效果-紫色，强调颜色 4"，并将图表放到工作表的右侧。

⑦ 将单元格区域 A1:F9 的数据复制到 Sheet2 中（单元格 A1 为起始位置）。

2）在工作表 Sheet2 中完成如下操作。

① 将工作表 Sheet2 重命名为"筛选统计"。

② 筛选出工龄 5 年及以下，且奖金高于（包括）500 元的职工记录。

结果如图 6.8～图 6.10 所示。

	A	B	C	D	E	F
1			东方大厦职工工资表			
2	姓名	工龄	基本工资	奖金	水电费	实发工资
3	陈　燕	4	1667.3	420	80.88	2006.42
4	李 小 勇	5	1756.55	530	95.6	2190.95
5	王　微	8	2259.8	950	75.45	3134.35
6	胡 大 为	2	1687.78	500	105.9	2081.88
7	王　军	3	1564	460	79.65	1944.35
8	张 东 风	9	2376.38	860	67.46	3168.92
9	于 晓 晓	4	1778.3	610	39.65	2348.65
10						
11	平均		1870.02	618.57	77.80	2410.79
12						
13		工龄不满5年职工的奖金和:		1990		

图 6.8　职工工资表的操作结果

	A	B	C	D	E	F
1			东方大厦职工工资表			
2	姓名▾	工龄▾	基本工资▾	奖金▾	水电费▾	实发工资▾
4	李 小 勇	5	1756.55	530	95.6	2190.95
6	胡 大 为	2	1687.78	500	105.9	2081.88
9	于 晓 晓	4	1778.3	610	39.65	2348.65

图 6.9　职工工资表筛选结果

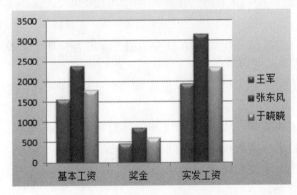

图 6.10　3 位职工的簇状柱形图

Excel 2016 公式函数的运用

一、实验目的

1）了解 Excel 常用函数的功能。

2）掌握 Excel 常用函数的应用方法。

3）掌握 Excel 公式的编辑方法。

4）掌握从身份证号中提取信息的方法。

二、实验内容及步骤

1. SUM 函数的应用

在 Excel 2016 工作表中输入如图 7.1 所示的学生成绩单。

要求如下：

1）利用自动填充的方法将单元格 A3～A7 填充学号 08001～08005。

2）利用函数求总分、平均分。

3）设置标题"计算机应用 0801 班学生成绩单"从单元格 A1 到 G1 跨列居中，设置字体为粗体、14 号，填充黄色背景。

4）为单元格区域 A2:G7 内外加边框（外边框为粗实线、内边框为细实线）。

5）对表格区域的文字型数据采用中间对齐方式。

6）对表格区域的数值型数据保留两位小数。

操作结果如图 7.2 所示。

	A	B	C	D	E	F	G
1	计算机应用0801班学生成绩单						
2	学号	姓名	离散数学	C语言	计算机网络	总分	平均分
3		王晓亮	78	76.5	80		
4		卢明	93	67	72.5		
5		虎龙	86.5	73	65		
6		赵燕	90	74.5	90		
7		姜昆	68.8	88	95		

图 7.1　学生成绩单

	A	B	C	D	E	F	G
1	计算机应用0801班学生成绩单						
2	学号	姓名	离散数学	C语言	计算机网络	总分	平均分
3	08001	王晓亮	78.00	76.50	80.00	234.50	78.17
4	08002	卢明	93.00	67.00	72.50	232.50	77.50
5	08003	虎龙	86.50	73.00	65.00	224.50	74.83
6	08004	赵燕	90.00	74.50	90.00	254.50	84.83
7	08005	姜昆	68.80	88.00	95.00	251.80	83.93

图 7.2　学生成绩单的最终效果

操作步骤如下。

步骤01 按题目要求在 Excel 工作簿的某工作表中输入本题目要求的数据。选中单元格 A3，在该单元格中首先输入一个英文单引号，然后输入 08001（即'08001），最后按【Enter】键结束输入。拖动单元格 A3 的填充柄沿 A 列向下到单元格 A7 完成学号填充。

步骤02 选择单元格 F3，单击编辑栏左侧的"插入函数"按钮，在弹出的"插入函数"

对话框中选择"SUM"函数,单击"确定"按钮,在弹出的"函数参数"对话框中观察"Number1"编辑框中的参数是否为单元格区域 C3:E3,如果不是,应在工作表中重新选择单元格区域 C3:E3;否则直接单击"确定"按钮结束操作。此时可发现编辑栏中出现公式"=SUM(C3:E3)",拖动单元格 F3 的填充柄沿 F 列向下到单元格 F7 可计算出所有学生的总分。选择单元格 G3,输入公式"=F3/3",按【Enter】键即可计算出第 1 个学生的平均分,拖动单元格 G3 的填充柄沿 G 列向下到单元格 G7 可计算出所有学生的平均分。

步骤03 选择单元格区域 A1:G1,右击,在弹出的快捷菜单中选择"设置单元格格式"命令,在弹出的"设置单元格格式"对话框中选择"对齐"选项卡。将"文本对齐方式"选项组中的"水平对齐"设置为跨列居中;选择"字体"选项卡,设置字号为 14、字形为加粗;选择"填充"选项卡,将"背景色"设置为黄色,最后单击"确定"按钮。

步骤04 选择单元格区域 A2:G7,右击,在弹出的快捷菜单中选择"设置单元格格式"命令,在弹出的"设置单元格格式"对话框中选择"边框"选项卡。选择"线条样式"为粗实线,并预置选项为"外边框",然后选择"线条样式"为细实线,并预置选项为"内部",最后单击"确定"按钮。

步骤05 选择单元格区域 A2:G2,然后按住【Ctrl】键不放,使用鼠标拖动的方法选择单元格区域 A3:B7,最后单击"开始"选项卡"对齐方式"选项组中的"居中"按钮。

步骤06 选择单元格区域 C3:G7,单击"开始"选项卡"数字"选项组中的"增加小数位数"按钮两次。若发现某列数据显示不正常,可适当调整列宽使之正常显示。

2. IF 函数的应用

在 Excel 2016 的某工作表中输入如图 7.3 所示的购买小食品消费数据。

要求如下:

对于金额的计算,当购买数量大于 5 时,按批发价计算,否则按零售价计算。

提示:使用 IF 函数,其语法格式为 IF(测试条件,条件为真的结果,条件为假的结果)。

操作步骤如下。

选择"卡地那"的金额单元格 E3,在单元格 E3 中输入公式"=IF(D3>5,B3*D3,C3*D3)",按【Enter】键结束。然后向下拖动单元格 E3 的填充柄即可计算出其他小食品所花费的金额,效果如图 7.4 所示。

	A	B	C	D	E
1	联欢会购买小食品表				
2	品名	批发价格	零售价格	购买数量	金额
3	卡地那	3	3.5	2	
4	奇巧威化	5	5.5	3	
5	马铃薯片	1.3	1.5	7	
6	山楂片	2.2	2.5	1	
7	花生	3	3.5	4	
8	瓜子	2.5	3	10	
9	大白兔奶糖	7	7.5	3	
10	雪碧	5.5	6.5	5	
11	可乐	5	6	5	

图 7.3　购买小食品消费金额

	A	B	C	D	E
1	联欢会购买小食品表				
2	品名	批发价格	零售价格	购买数量	金额
3	卡地那	3	3.5	2	7
4	奇巧威化	5	5.5	3	16.5
5	马铃薯片	1.3	1.5	7	9.1
6	山楂片	2.2	2.5	1	2.5
7	花生	3	3.5	4	14
8	瓜子	2.5	3	10	25
9	大白兔奶糖	7	7.5	3	22.5
10	雪碧	5.5	6.5	5	32.5
11	可乐	5	6	5	30
12					

图 7.4　IF 函数应用结果

3. AVERAGE 函数的应用

在 Excel 2016 的某工作表中输入如图 7.5 所示的北半球三地全年各月平均气温数据。

要求如下：

1）用公式计算平均气温，保留 2 位小数。

2）创建 A、B、C 地气温变化数据点折线图（带数据标记），并设置坐标轴标题和图表标题，最终效果如图 7.6 所示。

	A	B	C	D
1	北半球三地全年各月平均气温（℃）			
2	月份	A地	B地	C地
3	1	27	−5	−26
4	2	27.5	−3	−28
5	3	28	5	−25.5
6	4	29	13	−18
7	5	29.2	21	−8
8	6	29.3	24.5	0.5
9	7	29.9	26	3
10	8	27.8	24.5	2.5
11	9	26	20	−0.6
12	10	26.5	13.5	−9
13	11	26	4	−19
14	12	25	−3	−23
15	平均气温			

图 7.5　北半球三地全年各月平均气温数据

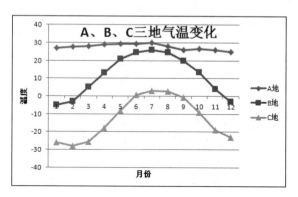

图 7.6　A、B、C 三地气温变化数据点折线图

操作步骤如下。

步骤01 选择单元格 B15，单击编辑栏左侧的"插入函数"按钮，在弹出的"插入函数"对话框中选择"AVERAGE"函数，然后单击"确定"按钮，在弹出的"函数参数"对话框中观察"Number1"编辑框中的参数是否为单元格区域 B3:B14，即 A 地全年气温数据区。若不是，应在工作表中重新选择单元格区域 B3:B14，然后单击"确定"按钮结束操作，可以看到 A 地全年平均气温已经被计算出来。使用鼠标向右拖动单元格 B15 的填充柄可以计算出 B 地和 C 地的平均气温。选中三地平均气温所在的单元格区域 B15:D15，并右击，在弹出的快捷菜单中选择"设置单元格格式"命令，弹出"设置单元格格式"对话框。在"数字"选项卡的"分类"列表框中选择"数值"命令，并设定小数点位数为 2，然后单击"确定"按钮。最终效果如图 7.7 所示。

	A	B	C	D
1	北半球三地全年各月平均气温（℃）			
2	月份	A地	B地	C地
3	1	27	−5	−26
4	2	27.5	−3	−28
5	3	28	5	−25.5
6	4	29	13	−18
7	5	29.2	21	−8
8	6	29.3	24.5	0.5
9	7	29.9	26	3
10	8	27.8	24.5	2.5
11	9	26	20	−0.6
12	10	26.5	13.5	−9
13	11	26	4	−19
14	12	25	−3	−23
15	平均气温	27.60	11.71	−12.59

图 7.7　用函数计算平均气温

步骤02 选择 A、B、C 地所在的单元格区域 B2:D14，单击"插入"选项卡"图表"选项组中的"插入折线图或面积图"下拉按钮，在弹出的下拉列表中选择"带数据标记的折线图"图表后将生成图表。选中图表（单击图表外边框），单击"图表工具-设计"选项卡

"图表布局"选项组中的"添加图表元素"下拉按钮，在弹出的下拉列表中选择"图表标题"→"居中覆盖"命令，在图表上方中间将出现"图表标题"编辑区，将图表标题改为"A、B、C 三地气温变化"；选中图表，单击"图表工具-设计"选项卡"图表布局"选项组中的"添加图表元素"下拉按钮，在弹出的下拉列表中选择"坐标轴"→"主要横坐标轴"命令，在横坐标下方将出现"坐标轴标题"编辑区，将其中的内容修改为"月份"；选中图表，单击"图表工具-设计"选项卡"图表布局"选项组中的"添加图表元素"下拉按钮，在弹出的下拉列表中选择"坐标轴"→"主要纵坐标轴"命令，在纵坐标左侧将出现"坐标轴标题"编辑区，将其中的内容修改为"温度"。

4. 利用表格计算积分

在 Excel 2016 的某个工作表中输入如图 7.8 所示的数据。

	A	B	C	D	E	F	G	H	I	J
1	2000年甲A联赛积分榜									
2	编号	队名	胜	平	负	进球	失球	净胜球	积分	名次
3	01	北京国安	9	8	9	38	32			
4	02	大连实德	17	5	4	50	21			
5	03	吉林敖东	4	5	17	20	45			
6	04	辽宁抚顺	8	8	10	28	26			
7	05	青岛海牛	6	11	9	22	29			
8	06	山东鲁能	12	4	10	35	31			
9	07	上海申花	14	8	4	37	24			
10	08	深圳平安	8	8	10	27	27			
11	09	沈阳海狮	8	10	8	35	32			
12	10	四川全兴	12	8	6	33	21			
13	11	天津泰达	7	10	9	28	37			
14	12	厦门厦新	6	5	15	22	45			
15	13	云南红塔	8	5	13	24	42			
16	14	重庆隆鑫	10	11	5	46	33			
17										

图 7.8 甲 A 联赛积分榜统计表

要求如下：

1）用公式计算净胜球和积分，净胜球=进球-失球，积分=胜×3+平×1。

2）按积分多少给各队排名次，积分相同时，参考净胜球数。积分和净胜球数都相同时，再参考进球数。

3）对积分榜中的各球队数据从大到小进行排序，按排序结果依次填充名次。

操作步骤如下。

步骤01 选择单元格 H3，输入公式"=F3-G3"后按【Enter】键，即可得到"北京国安"队的净胜球数。按住鼠标左键向下拖动单元格 H3 的填充柄就可以计算其他球队的净胜球数。

步骤02 选择单元格 I3，输入公式"=C3*3+D3"后按【Enter】键，即可得到"北京国安"队的积分。按住鼠标左键向下拖动单元格 I3 的填充柄计算其他球队的积分。

步骤03 选择单元格区域 A2:J16，单击"数据"选项卡"排序和筛选"选项组中的"排序"按钮，在弹出的"排序"对话框中设置第 1 行的主要关键字为"积分"，排序依据为"数值"，次序为"降序"，单击"添加条件"按钮；设置第 2 行的主要关键字为"净胜球"，排序依据为"数值"，次序为"降序"，单击"添加条件"按钮；设置第 3 行的主要关键字为"进球"，排序依据为"数值"，次序为"降序"，然后单击"确定"按钮结束操作。将名次添加到单元格区域 J3:J16（可以在单元格 J3 和 J4 中分别输入数字 1 和 2，然后选中单元格区域 J3:J4，向下拖动该单元格区域右下角的填充柄即可实现其他名次的填充），如图 7.9所示。

	A	B	C	D	E	F	G	H	I	J
1	2000年甲A联赛积分榜									
2	编号	队名	胜	平	负	进球	失球	净胜球	积分	名次
3	02	大连实德	17	5	4	50	21	29	56	1
4	07	上海申花	14	8	4	37	24	13	50	2
5	10	四川全兴	12	8	6	33	21	12	44	3
6	14	重庆隆鑫	10	11	5	46	33	13	41	4
7	06	山东鲁能	12	4	10	35	31	4	40	5
8	01	北京国安	9	8	9	38	32	6	35	6
9	09	沈阳海狮	8	10	8	35	32	3	34	7
10	04	辽宁抚顺	8	8	10	28	26	2	32	8
11	08	深圳平安	8	8	10	27	27	0	32	9
12	11	天津泰达	7	10	9	28	37	−9	31	10
13	05	青岛海牛	6	11	9	22	29	−7	29	11
14	13	云南红塔	8	5	13	24	42	−18	29	12
15	12	厦门厦新	6	5	15	22	45	−23	23	13
16	03	吉林敖东	4	5	17	20	45	−25	17	14

图 7.9　积分计算及排名结果

5. 提取信息

新建一个 Excel 文件，在工作表 Sheet1 中输入如图 7.10 所示数据，在工作表 Sheet2 中输入如图 7.11 所示数据。

	A	B
1	地区编码表	
2	身份证号码前6位	所属地
3	150430	内蒙古自治区赤峰市敖汉旗
4	210903	辽宁省阜新市新邱区
5	320113	江苏省南京市栖霞区
6	320204	江苏省无锡市北塘区
7	350423	福建省三明市清流县
8	350601	福建省漳州市市辖区
9	440183	广东省广州市增城市
10	440600	广东省佛山市
11	620525	甘肃省天水市张家川回族自治县
12	623024	甘肃省甘南藏族自治州迭部县
13		

图 7.10　身份证号码及所属地（部分）

	A	B	C	D	E	F	G	H
1	身份证相关信息提取							
2	姓名	身份证号码	出生日期	年龄	性别	生日	出生地	省份
3	吴建华	350601198508118911						
4	张颜	350423198705020697						
5	卓恒宏	623024197506168873						
6	闵孤兰	620525198102193242X						
7	锺馨平	620525198603216132						
8	韩一诺	620525198911129401						
9	鲁玉二	440600198912123865						
10	危迎南	440600199303203282						
11	宰书文	440183199408246776						
12	祝晓东	320204197708155737						
13	何灵泉	320113198908104 79X						
14	周巧蕊	210903198111139907						
15	阎才人	150430197803255753						
16								

图 7.11　身份证信息原始表格

要求如下：

利用公式计算图 7.11 中的出生日期、年龄、性别、生日、出生地等信息。

提示：在输入公式的时候，所有的标点符号必须在英文输入法状态下进行输入。

操作步骤如下。

步骤01　在 Sheet2 工作表的身份证信息原始表格中，选择单元格 C3，输入公式 "=TEXT(MID(B3,7,6),"0000 年 00 月")" 后按【Enter】键，即可得到 "吴建华" 的出生日期。

步骤02　选择单元格 D3，输入公式 "=2017–MID(B3,7,4)" 后按【Enter】键，即可得到 "吴建华" 的年龄（注意：计算年龄的公式中的 2017 代表 2017 年，实际操作时要以实际年号为准输入）。

步骤03　选择单元格 E3，输入公式 "=IF(MOD(MID(B3,17,1),2)=1,"男","女")" 后按【Enter】键，即可得到 "吴建华" 的性别。

步骤04　选择单元格 F3，输入公式 "=TEXT(MID(B3,11,4),"00 月 00 日")" 后按【Enter】键，即可得到 "吴建华" 的生日。

步骤05　选择单元格 G3，输入公式 "=VLOOKUP(VALUE(MID(B3,1,6)),sheet1!$A$3:$B$12,2,TRUE)" 后，按【Enter】键即可得到 "吴建华" 的出生地（sheet1!$A$3:$B$12 表示提取条件位于 Sheet1 工作表中的单元格区域 A3:B12，这里必须用绝对地址$A$3:$B$12 表示数据区）。

步骤06　选择单元格 H3，输入公式 "=MID(G3,1,3)" 后按【Enter】键，即可得到 "吴建华" 来自的省份。

其他人的出生日期、年龄、性别等只需拖动相应的单元格填充柄即可得到。身份证信息提取结果如图 7.12 所示。

	G3		fx =VLOOKUP(VALUE(MID(B3,1,6)),sheet1!$A$3:$B$12,2,TRUE)					
	A	B	C	D	E	F	G	H
1				身份证相关信息提取				
2	姓名	身份证号码	出生日期	年龄	性别	生日	出生地	省份
3	吴建华	350601198508118911	1985年08月	31	男	08月11日	福建省漳州市市辖区	福建省
4	张颜	350423198705020697	1987年05月	29	男	05月02日	福建省三明市清流县	福建省
5	卓恒宏	623024197506168873	1975年06月	41	男	06月16日	甘肃省甘南藏族自治州达部县	甘肃省
6	闵孤兰	620525198102193942X	1981年02月	35	女	02月19日	甘肃省天水市张家川回族自治县	甘肃省
7	锺馨平	620525198603216132	1986年03月	30	男	03月21日	甘肃省天水市张家川回族自治县	甘肃省
8	韩一诺	620525198911129401	1989年11月	27	女	11月12日	甘肃省天水市张家川回族自治县	甘肃省
9	鲁玉二	440600198912123865	1989年12月	27	女	12月12日	广东省佛山市	广东省
10	危迎南	440600199303203282	1993年03月	23	女	03月20日	广东省佛山市	广东省
11	宰书文	440183199408246776	1994年08月	22	男	08月24日	广东省广州市增城市	广东省
12	祝晚东	320204197708155737	1977年08月	39	男	08月15日	江苏省无锡市北塘区	江苏省
13	何灵泉	320113198908810479X	1989年08月	27	男	08月10日	江苏省南京市栖霞区	江苏省
14	周巧蕊	210903198111139907	1981年11月	35	女	11月13日	辽宁省阜新市新邱区	辽宁省
15	闻才人	150430197803255753	1978年03月	38	男	03月25日	内蒙古自治区赤峰市敖汉旗	内蒙古

图 7.12　身份证信息提取结果

三、实践练习

在 Excel 的 Sheet1 输入表中数据，如图 7.13 所示。

在工作表 Sheet1 中完成如下操作。

1）将 Sheet1 工作表的单元格区域 A1:H1 合并为一个单元格，单元格内容水平居中；计算 "平均值" 列的内容（用 AVERAGE 函数，数值型，保留小数点后 1 位）；计算 "最高值" 行的内容置于单元格区域 B7:G7 内（某月 3 地区中的最高值，利用 MAX 函数，数值型，负数的第 4 个样式，保留小数点后 2 位）；将单元格区域 A2:H7 设置为套用表格格式 "表样式浅色 16"。

	A	B	C	D	E	F	G	H
1	某省部分地区上半年降雨量统计表 (单位 mm)							
2	月份	一月	二月	三月	四月	五月	六月	平均值
3	北部	121.50	156.30	182.10	167.30	218.50	225.70	
4	中部	219.30	298.40	198.20	178.30	248.90	239.10	
5	南部	89.30	158.10	177.50	198.60	286.30	303.10	
6								
7	最高值							

图 7.13　降雨量统计表

2）选中单元格区域 A2:G5 的内容，建立带数据标记的折线图，图表标题为"降雨量统计图"，图例靠右；将图插入表的单元格区域 A9:G24 内，将工作表命名为"降雨量统计表"，保存 Excel.xlsx 文件。

结果如图 7.14 所示。

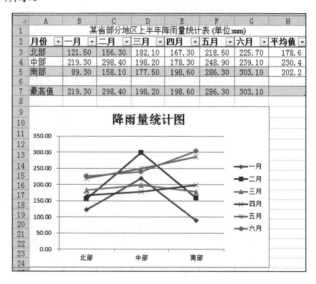

图 7.14　降雨量计算结果及统计图

实验 8

Excel 2016 数据管理

一、实验目的

1）了解 Excel 数据管理的基本含义。

2）掌握 Excel 自动填充、自定义序列的方法。

3）掌握 Excel 数据排序、分类汇总操作。

4）掌握 Excel 自动筛选、高级筛选、突出显示等数据处理操作。

二、实验内容及步骤

1. 数据排序与分类汇总

将以下数据输入 Excel 的一个工作表中，如图 8.1 所示。

	A	B	C	D	E
1	图书信息表				
2	序号	书名	出版社	单价	数量
3	1	Office 2000	高等教育出版社	32.5	270
4	2	计算机信息基础	科学出版社	30	350
5	3	计算机网络	科学出版社	30	180
6	4	C程序设计	清华大学出版社	28.5	95
7	5	VB程序设计	清华大学出版社	25.5	315
8	6	数据库原理	中山大学出版社	35.7	100

图 8.1　图书信息表

要求如下：

1）将单元格区域 A1:E1 合并，标题"图书信息表"设置为水平分散对齐。

2）为整个表格内外加边框，外边框为红色粗实线、内边框为蓝色细实线。

3）以"出版社"为关键字，升序排序。

4）以"出版社"为分类字段对"数量"进行分类汇总，汇总函数为 SUM 函数。

操作结果如图 8.2 所示。

操作步骤如下。

步骤01 按题目要求在 Excel 工作簿的某工作表中输入数据。选择单元格区域 A1:E1，并右击，在弹出的快捷菜单中选择"设置单元格格式"命令，在弹出的"设置单元格格式"对话框中选择"对齐"选项卡，将"文本对齐方式"选项组中的"水平对齐"设置为分散对齐（缩进），选中"文本控制"选项组中的"合并单元格"复选框，最后单击"确定"按钮。

1 2 3		A	B	C	D	E
	1	图	书	信 息		表
	2	序号	书名	出版社	单价	数量
	3	6	数据库原理	中山大学出版社	35.7	100
	4			**中山大学出版社 汇总**		100
	5	4	C程序设计	清华大学出版社	28.5	95
	6	5	VB程序设计	清华大学出版社	25.5	315
	7			**清华大学出版社 汇总**		410
	8	2	计算机信息基础	科学出版社	30	350
	9	3	计算机网络	科学出版社	30	180
	10			**科学出版社 汇总**		530
	11	1	Office 2000	高等教育出版社	32.5	270
	12			**高等教育出版社 汇总**		270
	13			**总计**		1310

图 8.2　图书信息表的最终效果

步骤02 选择单元格区域 A1:E8，并右击，在弹出的快捷菜单中选择"设置单元格格式"命令，在弹出的"设置单元格格式"对话框中选择"边框"选项卡。首先设置"颜色"为红色，选择"线条样式"为粗实线，并预置选项为"外边框"；再设置"颜色"为蓝色，选择"线条样式"为细实线，并预置选项为"内部"，最后单击"确定"按钮（注意本操作必须先设置线条颜色）。

步骤03 选择单元格区域 A3:E8，单击"数据"选项卡"排序和筛选"选项组中的"排序"按钮，在弹出的"排序"对话框中将"主要关键字"设置为列 C（即"出版社"所在列），并设置"排序依据"为数值，"次序"为升序，最后单击"确定"按钮。

步骤04 选择单元格区域 A2:E8，单击"数据"选项卡"分级显示"选项组中的"分类汇总"按钮，在弹出的"分类汇总"对话框中将"分类字段"设置为出版社，并设置"汇总方式"为求和，"选定汇总项"为数量，最后单击"确定"按钮，并调整各列列宽使数据正常显示。

2．数据筛选

将以下数据输入 Excel 的一个工作表中，如图 8.3 所示。

	A	B	C	D	E
1	图书信息表				
2	序号	书名	出版社	单价	数量
3	1	大学计算机基础	科学出版社	30	350
4	2	C语言程序设计	人民邮电出版社	28.5	95
5	3	Office 2010	高等教育出版社	32.5	270
6	4	计算机网络系统集成	科学出版社	30	180
7	5	VB程序设计	人民邮电出版社	25.5	315
8	6	数据库原理与应用	中山大学出版社	35.7	100

图 8.3　图书信息表

要求如下：

在数据清单中，将出版社为"人民邮电出版社"的记录筛选出来，在单元格 A13 开始的区域显示筛选结果。操作结果如图 8.4 所示。

	A	B	C	D	E
1	图书信息表				
2	序号	书名	出版社	单价	数量
3	1	大学计算机基础	科学出版社	30	350
4	2	C语言程序设计	人民邮电出版社	28.5	95
5	3	Office 2010	高等教育出版社	32.5	270
6	4	计算机网络系统集成	科学出版社	30	180
7	5	VB程序设计	人民邮电出版社	25.5	315
8	6	数据库原理与应用	中山大学出版社	35.7	100
9					
10	出版社				
11	人民邮电出版社				
12					
13	序号	书名	出版社	单价	数量
14	2	C语言程序设计	人民邮电出版社	28.5	95
15	5	VB程序设计	人民邮电出版社	25.5	315

图 8.4　图书信息表的筛选结果

操作步骤如下。

步骤01 按题目要求在 Excel 工作簿的某工作表中输入数据。

步骤02 在单元格 A10 和 A11 中分别输入"出版社"和"人民邮电出版社"。

步骤03 选择单元格区域 A2:E8，单击"数据"选项卡"排序和筛选"选项组中的"高级"按钮，弹出"高级筛选"对话框，选中"将筛选结果复制到其他位置"单选按钮，观察列表区域是否为"$A$2:$E$8"，然后单击"条件区域"文本框右侧的缩放按钮使"高级筛选"对话框缩小，选择单元格区域 A10:A11，再单击"条件区域"文本框右侧的缩放按钮使"高级筛选"对话框恢复原样；单击"复制到"文本框右侧的缩放按钮使"高级筛选"对话框缩小，选中单元格 A13，再单击"复制到"文本框右侧的缩放按钮使"高级筛选"对话框恢复原样，最后单击"确定"按钮。

3. 数据综合处理

在 Excel 2016 的 Sheet1 工作表中输入如图 8.5 所示的学生成绩数据。

	A	B	C	D	E	F	G	H
1	序号	班级	代号	姓名	数学	物理	化学	马列
2		2001_1		安逸	85	86	81	90
3		2001_2		李江勇	78	66	58	57
4		2001_3		唐培泉	78	48	98	80
5		2001_4		张晓磊	75	72	58	73
6		2001_1		石烽	81	80	57	66
7		2001_3		刘磊	27	87	67	95
8		2001_4		吴刚	71	85	84	91
9		2001_2		周俭	67	64	62	60
10		2001_1		刘松涛	75	81	81	61
11		2001_4		丁年峰	71	75	78	74
12		2001_3		于策	74	76	71	70
13		2001_2		王学英	81	82	67	57
14		2001_3		王雪	84	81	57	81
15		2001_4		王静	27	81	54	60
16		2001_3		王曦	81	88	67	91

图 8.5　学生成绩表

要求如下：

1）将 Sheet1 命名为"学生成绩表"。

2）用自动填充的方法将单元格 A2～A16 填充学号 1～15。

3）用自定义填充方式将单元格 C2～C16 填充代号 A～O。

4）删除"代号"列。

5）在学生成绩表中添加"总分"和"平均分"列。

6）在"姓名"列后面插入"性别"字段，并随机输入性别内容。

7）用输入公式/粘贴函数的方式计算总分和平均分。

8）在学生成绩表中的第 1 行上面插入一个新行，输入表头标题"成绩表"。

9）设置序号列的列宽为 6，第 1 行的行高为 25。

10）合并居中单元格区域 A1:J1，字体设置为楷体、加粗、20 号字。

11）将第 2 行的字体设置为宋体、加粗、16 号字。

12）将所有的数字设置为带一位小数。

13）将单元格区域 A3:J17 中的内容居中。

14）为学生成绩表（单元格区域 A2:J17）添加黑细线内边框和蓝粗线外边框。

15）将 60 分以下的分数设置为红色字体。

16）将成绩表复制到 Sheet2 和 Sheet3。

17）在 Sheet2 中按照平均分从小到大进行排序。

18）在 Sheet3 工作表中，用自动筛选功能将班级为 2001_1 班的学生记录筛选出来。

19）取消 Sheet3 工作表中的自动筛选功能。从学生成绩表中，筛选出 1 班和 2 班数学和物理均在 80 分以上的同学，用高级筛选，设置条件为单元格 B18 开始的区域，将筛选结果放在单元格 A22 开始的区域。

20）按照班级汇总各门课程的平均分。

操作步骤如下。

步骤01 在工作页标签"Sheet1"上右击，在弹出的快捷菜单中选择"重命名"命令，删除文本框中的"Sheet1"并输入"学生成绩表"，按【Enter】键结束输入。选择"文件"菜单中的"选项"命令，在弹出的"Excel 选项"对话框中选择"高级"选项卡，拖动右侧的垂直滚动滑块，单击"常规"选项组中的额"编辑自定义列表"按钮。在弹出的"自定义序列"对话框的"输入序列"列表框中输入"ABCDEFGHIJKLMNO"字符，每个字符占一行，如图 8.6 所示。

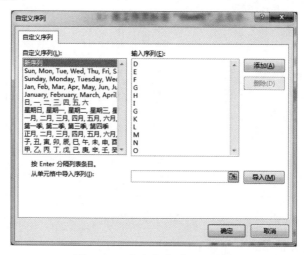

图 8.6 "自定义序列"对话框

步骤02　单击"添加"按钮，可以看到新添加的字符序列出现在"自定义序列"列表框中，单击"确定"按钮关闭"自定义序列"对话框，然后单击"确定"按钮关闭"Excel选项"对话框返回 Excel 工作界面。选择单元格 A2，输入 1，按住【Ctrl】键，使用鼠标拖动单元格 A2 的填充柄至单元格 A16，可填充学号 1～15；在单元格 C2 中输入字母 A，使用鼠标拖动单元格 C2 的填充柄至单元格 C16，可以看到刚才已定义的字符序列出现在单元格区域 C2:C16。

步骤03　将鼠标指针停在"代号"列所在的"C"位置，右击，在弹出的快捷菜单中选择"删除"命令，即可删除"代号"列；选择"马列"右侧的单元格 H1，输入"总分"列。使用同样的方法在"总分"列的右侧单元格输入"平均分"列。

步骤04　在"性别"所在列（即 D）上右击，在弹出的快捷菜单中选择"插入"命令，插入新的一列，输入行标题"性别"，并针对每个学生随机输入其性别。

步骤05　在单元格 I2 中输入公式"=E2+F2+G2+H2"，按【Enter】键，可以看到第 1 个学生的总分被计算出来，使用鼠标拖动单元格 I2 的填充柄直到计算出所有学生的各自总分。使用类似的方法在单元格 J2 中输入公式"=I2/4"，计算第 1 个学生的平均分，使用鼠标拖动填充柄的方法计算出其他学生的平均分。

步骤06　在单元格 A1 中右击，在弹出的快捷菜单中选择"插入"命令，即可增加一个新行，在单元格 A1 中输入"成绩表"。最终效果如图 8.7 所示。

⏴	A	B	C	D	E	F	G	H	I	J
1	成绩表									
2	序号	班级	姓名	性别	数学	物理	化学	马列	总分	平均分
3	1	2001_1	安逸	男	85	86	81	90	342	85.5
4	2	2001_2	李江勇	女	78	66	58	57	259	64.75
5	3	2001_3	唐培泉	男	78	48	98	80	304	76
6	4	2001_4	张晓磊	女	75	72	58	73	278	69.5
7	5	2001_1	石烽	男	81	80	57	66	284	71
8	6	2001_3	刘磊	女	27	87	67	95	276	69
9	7	2001_4	吴刚	男	71	85	84	91	331	82.75
10	8	2001_2	周俭	女	67	64	62	60	253	63.25
11	9	2001_1	刘松涛	男	75	81	81	61	298	74.5
12	10	2001_4	丁年峰	女	71	75	78	74	298	74.5
13	11	2001_3	于策	男	74	76	71	70	291	72.75
14	12	2001_2	王学英	女	81	82	67	57	287	71.75
15	13	2001_3	王雪	男	84	81	57	81	303	75.75
16	14	2001_4	王静	女	27	81	54	60	222	55.5
17	15	2001_3	王曦	男	81	88	67	91	327	81.75
18										

图 8.7　成绩表编辑效果

步骤07　选择"序号"列所在的任意一个单元格，如选择单元格 A3，然后单击"开始"选项卡"单元格"选项组中的"格式"下拉按钮，在弹出的下拉列表中选择"列宽"命令，在弹出的"列宽"对话框中输入列宽为 6，然后单击"确定"按钮结束操作。

步骤08　选择 A1 单元格，然后单击"开始"选项卡"单元格"选项组中的"格式"下拉按钮，在弹出的下拉列表中选择"行高"命令，在弹出的"行高"对话框中输入行高为 25，然后单击"确定"按钮结束操作。

步骤09　选择单元格区域 A1:J1，将字体设置为楷体_GB2312，单击加粗按钮，设置字体大小为 20，单击"开始"选项卡"对齐方式"选项组中的"合并后居中"按钮。

步骤10　选择第 2 行字体所在的单元格区域 A2:J2，在"开始"选项卡中将字体设置为宋体，单击"加粗"按钮，设置字号为 16。

步骤11 选择所有数字所在的单元格区域 E3:J17，并右击，在弹出的快捷菜单中选择“设置单元格格式”命令，在弹出的“设置单元格格式”对话框中选择“数字”选项卡，在“分类”列表框中选择“数值”命令，设置小数点位数为 1，单击“确定”按钮结束操作。若某些数字显示为“####”状态，则说明显示的列宽不够，单击“开始”选项卡“单元格”选项组中的“格式”下拉按钮，在弹出的下拉列表中选择“自动调整列宽”命令即可正常显示数据。

步骤12 选择单元格区域 A3:J17，单击“开始”选项卡“对齐方式”选项组中的“居中”按钮。选择单元格区域 A2:J17，并右击，在弹出的快捷菜单中选择“设置单元格格式”命令，在弹出的“设置单元格格式”对话框中选择“边框”选项卡，设置外边框的线条颜色为蓝色，线条样式为粗实线，单击“外边框”按钮；设置内边框的线条颜色为黑色，线条样式为细实线，单击“内部”按钮，然后单击“确定”按钮结束操作。

步骤13 将 4 门课程成绩所在单元格区域 E3:H17 选中，单击“开始”选项卡“样式”选项组中的“条件格式”下拉按钮，在弹出的下拉列表中选择“突出显示单元格规则”中的“小于”命令，在弹出的“小于”对话框中输入 60，在“设置为”下拉列表中选择“红色文本”命令后单击“确定”按钮结束操作。效果如图 8.8 所示。

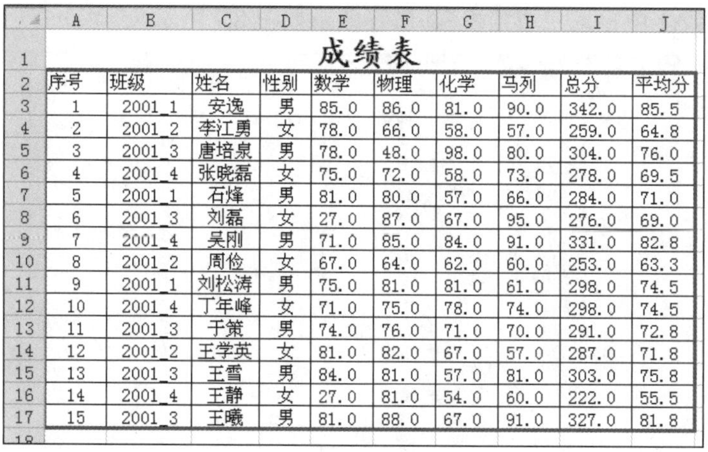

	A	B	C	D	E	F	G	H	I	J
1	成绩表									
2	序号	班级	姓名	性别	数学	物理	化学	马列	总分	平均分
3	1	2001_1	安逸	男	85.0	86.0	81.0	90.0	342.0	85.5
4	2	2001_2	李江勇	女	78.0	66.0	58.0	57.0	259.0	64.8
5	3	2001_3	唐培泉	男	78.0	48.0	98.0	80.0	304.0	76.0
6	4	2001_4	张晓磊	女	75.0	72.0	58.0	73.0	278.0	69.5
7	5	2001_1	石烽	男	81.0	80.0	57.0	66.0	284.0	71.0
8	6	2001_3	刘磊	女	27.0	87.0	67.0	95.0	276.0	69.0
9	7	2001_4	吴刚	男	71.0	85.0	84.0	91.0	331.0	82.8
10	8	2001_2	周俭	女	67.0	64.0	62.0	60.0	253.0	63.3
11	9	2001_1	刘松涛	男	75.0	81.0	81.0	61.0	298.0	74.5
12	10	2001_4	丁年峰	女	71.0	75.0	78.0	74.0	298.0	74.5
13	11	2001_3	于策	男	74.0	76.0	71.0	70.0	291.0	72.8
14	12	2001_2	王学英	女	81.0	82.0	67.0	57.0	287.0	71.8
15	13	2001_3	王雪	男	84.0	81.0	57.0	81.0	303.0	75.8
16	14	2001_4	王静	女	27.0	81.0	54.0	60.0	222.0	55.5
17	15	2001_3	王曦	男	81.0	88.0	67.0	91.0	327.0	81.8

图 8.8 成绩表格式化效果

步骤14 选择“学生成绩表”中的成绩单元格区域 A1:J17，并右击，在弹出的快捷菜单中选择“复制”命令，然后选择“Sheet2”工作表中的单元格 A1，右击，在弹出的快捷菜单中选择“粘贴”命令，对“Sheet3”工作表重复同样的操作。

步骤15 在 Sheet2 工作表中选择单元格区域 A2:J17，单击“数据”选项卡“排序和筛选”选项组中的“排序”按钮，在弹出的“排序”对话框中将“主要关键字”设置为平均分，排序依据设置为数值，“次序”设置为升序，然后单击“确定”按钮结束操作。

步骤16 在 Sheet3 工作表中选择单元格区域 A2:J17，单击“数据”选项卡“排序和筛选”选项组中的“筛选”按钮，然后单击“班级”所在单元格右侧的下拉按钮，在弹出的下拉列表中只选中“2001_1”复选框，最后单击“确定”按钮结束操作。效果如图 8.9 所示。

步骤17 在 Sheet3 工作表中选择单元格区域 A2:J17，单击“数据”选项卡“排序和筛选”选项组中的“筛选”按钮，取消自动筛选。在单元格 B18 开始的区域构建筛选条件：

将"班级""数学""物理"分别复制到单元格 B18、C18、D18 中,在单元格 B19 和 B20 中分别输入班级 2001_1 及 2001_2,在单元格 C19、C20、D19、D20 中均输入条件表达式>80。选择单元格区域 A2:J17,单击"数据"选项卡"排序和筛选"选项组中的"高级"按钮,在弹出的"高级筛选"对话框中将方式设置为"将筛选结果复制到其他位置",列表区域设置为"$A$2:$J$17"。将光标定位在"条件区域"文本框,单击右侧的缩放按钮,使用鼠标选择条件区域 B18:D20,条件区域地址自动填充在"条件区域"文本框中,再单击该文本框右侧的缩放按钮返回"高级筛选"对话框,可以看到"条件区域"文本框中已被填充为"Sheet3!$B$18:$D$20"。将光标定位在"复制到"文本框中,单击右侧的缩放按钮,使用鼠标选择单元格 A22,可以看到结果所在位置自动填充在"复制到"文本框中,再单击该文本框右侧的缩放按钮返回"高级筛选"对话框,可以看到"复制到"文本框已被填充为"Sheet3!$A$22"。然后单击"确定"按钮结束高级筛选操作,结果如图 8.10 所示。

⁄	A	B	C	D	E	F	G	H	I	J
1					成绩表					
2	序号	班级	姓名	性别	数学	物理	化学	马列	总分	平均分
3	1	2001_1	安逸	男	85.0	86.0	81.0	90.0	342.0	85.5
7	5	2001_1	石烽	男	81.0	80.0	57.0	66.0	284.0	71.0
11	9	2001_1	刘松涛	男	75.0	81.0	81.0	61.0	298.0	74.5
18										

图 8.9　自动筛选效果

⁄	A	B	C	D	E	F	G	H	I	J
1					成绩表					
2	序号	班级	姓名	性别	数学	物理	化学	马列	总分	平均分
3	1	2001_1	安逸	男	85.0	86.0	81.0	90.0	342.0	85.5
4	2	2001_2	李江勇	女	78.0	66.0	58.0	57.0	259.0	64.8
5	3	2001_3	唐培泉	男	78.0	48.0	98.0	80.0	304.0	76.0
6	4	2001_4	张晓磊	女	75.0	72.0	58.0	73.0	278.0	69.5
7	5	2001_1	石烽	男	81.0	80.0	57.0	66.0	284.0	71.0
8	6	2001_3	刘磊	女	27.0	87.0	67.0	95.0	276.0	69.0
9	7	2001_4	吴刚	男	71.0	85.0	84.0	91.0	331.0	82.8
10	8	2001_2	周俭	女	67.0	64.0	62.0	60.0	253.0	63.3
11	9	2001_1	刘松涛	男	75.0	81.0	81.0	61.0	298.0	74.5
12	10	2001_4	丁年峰	男	71.0	75.0	78.0	74.0	298.0	74.5
13	11	2001_3	于策	男	74.0	76.0	71.0	70.0	291.0	72.8
14	12	2001_2	王学英	女	81.0	82.0	67.0	57.0	287.0	71.8
15	13	2001_3	王雪	男	84.0	81.0	57.0	81.0	303.0	75.8
16	14	2001_4	王静	女	27.0	81.0	54.0	60.0	222.0	55.5
17	15	2001_3	王曦	男	81.0	88.0	67.0	91.0	327.0	81.8
18		班级	数学	物理						
19		2001_1	>80	>80						
20		2001_2	>80	>80						
21										
22	序号	班级	姓名	性别	数学	物理	化学	马列	总分	平均分
23	1	2001_1	安逸	男	85.0	86.0	81.0	90.0	342.0	85.5
24	12	2001_2	王学英	女	81.0	82.0	67.0	57.0	287.0	71.8

学生成绩表 ／ Sheet2 ／ Sheet3

图 8.10　高级筛选结果

步骤18　按照班级汇总之前,必须以班级为关键字对数据进行排序。打开 Sheet2 工作表,选择单元格区域 A2:J17,单击"数据"选项卡"排序和筛选"选项组中的"排序"按钮,在弹出的"排序"对话框中将"主要关键字"设置为班级,其他设置为默认,然后单击"确定"按钮结束操作。重新选择单元格区域 A2:J17,单击"数据"选项卡"分级显示"

选项组中的"分类汇总"按钮，在弹出的"分类汇总"对话框中将"分类字段"设置为班级，将"汇总方式"设置为平均值，在"选定汇总项"列表框中选中"数学""物理""化学""马列"复选框，然后单击"确定"按钮结束操作。效果如图 8.11 所示。

	序号	班级	姓名	性别	数学	物理	化学	马列	总分	平均分
					成绩表					
3	5	2001_1	石烽	男	81.0	80.0	57.0	66.0	284.0	71.0
4	9	2001_1	刘松涛	男	75.0	81.0	81.0	61.0	298.0	74.5
5	1	2001_1	安逸	男	85.0	86.0	81.0	90.0	342.0	85.5
6		2001_1 平均值			80.3	82.3	73.0	72.3		77.0
7	8	2001_2	周俭	女	67.0	64.0	62.0	60.0	253.0	63.3
8	2	2001_2	李江勇	女	78.0	66.0	58.0	57.0	259.0	64.8
9	12	2001_2	王学英	女	81.0	82.0	67.0	57.0	287.0	71.8
10		2001_2 平均值			75.3	70.7	62.3	58.0		66.6
11	6	2001_3	刘磊	女	27.0	87.0	67.0	95.0	276.0	69.0
12	11	2001_3	于策	男	74.0	76.0	71.0	70.0	291.0	72.8
13	13	2001_3	王雪	男	84.0	81.0	57.0	81.0	303.0	75.8
14	3	2001_3	唐培泉	男	78.0	48.0	98.0	80.0	304.0	76.0
15	15	2001_3	王曦	男	81.0	88.0	67.0	91.0	327.0	81.8
16		2001_3 平均值			68.8	76.0	72.0	83.4		75.1
17	14	2001_4	王静	女	27.0	81.0	54.0	60.0	222.0	55.5
18	4	2001_4	张晓磊	女	75.0	72.0	58.0	73.0	278.0	69.5
19	10	2001_4	丁年峰	女	71.0	75.0	78.0	74.0	298.0	74.5
20	7	2001_4	吴刚	男	71.0	85.0	84.0	91.0	331.0	82.8
21		2001_4 平均值			61.0	78.3	68.5	74.5		70.6
22		总计平均值			70.3	76.8	69.3	73.7		72.6

图 8.11 分类汇总结果

三、实践练习

1）在 Excel 的 Sheet1 工作表中输入鼠标库存数据，并设置表格内外边框颜色为黑色，如图 8.12 所示。

	A	B	C	D
1		鼠标库存表		
2	时间	产品型号	产品名称	库存量
3	2016/6/28	1953	E19C	200000
4	2016/6/27	1953	E19C	166000
5	2016/6/26	1953	E19C	102000
6	2016/6/26	1953	E19C	388000
7	2016/6/24	1971	AP92EX	67080
8	2016/6/23	1900	E19B	33000
9	2016/6/21	1969	AS18A	3330
10	2016/6/20	1909	E19A	121000
11	2016/6/19	1909	E19A	80000
12	2016/6/18	3685	E19B	50000
13	2016/6/17	3654	E19B	78900
14	2016/6/16	1850	E19C	216000
15	2016/6/16	1909	E19A	440000

图 8.12 鼠标库存数据

2）在 Excel 的 Sheet1 工作表中完成如下操作：按"产品名称"递增的顺序对表中数据进行分类汇总，"汇总方式"为求和，"汇总项"为"库存量"。结果如图 8.13 所示。

1 2 3		A	B	C	D
	1			鼠标库存表	
	2	时间	产品型号	产品名称	库存量
	3	2016/6/24	1971	AP92EX	67080
	4			**AP92EX 汇总**	67080
	5	2016/6/21	1969	AS18A	3330
	6			**AS18A 汇总**	3330
	7	2016/6/16	1909	E19A	440000
	8	2016/6/19	1909	E19A	80000
	9	2016/6/20	1909	E19A	121000
	10			**E19A 汇总**	641000
	11	2016/6/23	1900	E19B	33000
	12	2016/6/17	3654	E19B	78900
	13	2016/6/18	3685	E19B	50000
	14			**E19B 汇总**	161900
	15	2016/6/16	1850	E19C	216000
	16	2016/6/26	1953	E19C	102000
	17	2016/6/26	1953	E19C	388000
	18	2016/6/27	1953	E19C	166000
	19	2016/6/28	1953	E19C	200000
	20			**E19C 汇总**	1072000
	21			**总计**	1945310

图 8.13　鼠标库存分类汇总结果

实验 9

PowerPoint 2016 基本操作

一、实验目的

1）熟悉 PowerPoint 2016 的工作环境。
2）掌握打开、新建、编辑与格式化和保存演示文稿的基本方法。
3）掌握演示文稿中图片、艺术字、文本框等对象的插入方法。
4）掌握创建超链接和实现动画效果的方法。
5）掌握演示文稿的放映方法。

二、实验内容及步骤

1. 观察 PowerPoint 2016 的工作界面

单击"开始"按钮，在弹出的"开始"菜单中选择"所有程序"命令，在弹出的菜单中选择"Microsoft Office"文件夹中的"Microsoft PowerPoint 2016"命令，打开 PowerPoint 2016 的工作界面，如图 9.1 所示。系统将自动创建一个名为"演示文稿 1"的空白演示文稿。

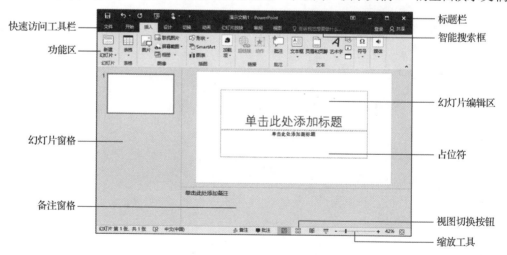

图 9.1 PowerPoint 2016 的工作界面

PowerPoint 2016 的工作界面中包含快速访问工具栏、标题栏、功能区、状态栏、大纲/幻灯片浏览窗格、幻灯片编辑窗格和备注窗格等。其中，功能区中包括"文件"菜单和"开始""插入""设计""切换""动画""幻灯片放映""审阅""视图"选项卡，如图 9.2 所示。每个选项卡都由多个选项组构成，命令按钮都组织在相应的选项组中，库是显示一组相关可视选项的矩形窗口或列表，上下文选项卡是根据所选定对象的不同而显示的对应的选项卡，对话框启动器用于弹出与这组命令相关的对话框。

图 9.2　功能区

2. 新建演示文稿

PowerPoint 2016 根据用户的不同需要，提供了多种新建演示文稿的方式。

（1）新建空白演示文稿

用户如果希望建立具有自己风格和特色的幻灯片，可以从空白演示文稿开始设计。操作步骤如下。

步骤01 选择"文件"菜单中的"新建"命令，打开"新建"界面，如图 9.3 所示。

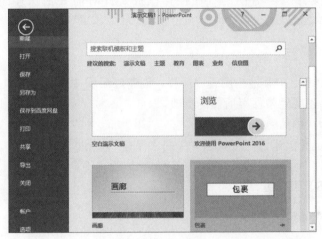

图 9.3　新建空白演示文稿

步骤02 选择"空白演示文稿"命令，即可建立一个空白的演示文稿。

在 PowerPoint 2016 中建立空白演示文稿时，显示的默认版式是"标题幻灯片"。

（2）利用模板建立演示文稿

模板是控制演示文稿外观统一的最快捷的方法。模板是以扩展名为.potx 的文件保存的幻灯片或幻灯片组合图案或蓝图。模板可以包含版式、主题和背景样式，还可以包含部分特定内容。模板的选择对于一个演示文稿的风格和演示效果影响很大。用户可以随时为某个演示文稿选择一个满意的模板，并对选择的模板进行进一步的修饰与更改。

利用模板创建演示文稿的操作步骤如下。

步骤01 选择"文件"菜单中的"新建"命令，打开"新建"界面。

步骤02 在"新建"列表框中选择一种合适的模板，如"教育"主题中的"实验室安全"模板，如图 9.4 所示，单击"创建"按钮，即可建立一个以选定的设计模板为背景的空白演示文稿。

图 9.4　选择"实验室安全"模板

利用"搜索联机模板和主题"搜索框，可以查找更多模板和主题。用户可以根据自己的需要对模板进行修改，创建自己的模板后，可以通过"文件"菜单中的"另存为"命令将其保存为模板文件供以后使用。在保存模板文件时需要把保存的文件类型修改为"PowerPoint 模板（*.potx）"。

3．演示文稿的保存

与 Microsoft Office 中其他应用程序一样，创建好演示文稿后应立即为其命名并加以保存，在编辑过程中也要经常保存所做的更改。

常见保存演示文稿的方法如下。

1）单击"自定义快速访问工具栏"中的"保存"按钮 。

2）选择"文件"菜单中的"保存"或"另存为"命令。

3）按【Ctrl+S】组合键。

4．演示文稿的关闭

关闭 PowerPoint 2016 应用程序时，可以使用以下几种方法。

1）单击标题栏右侧的"关闭"按钮。

2）选择"文件"菜单中的"关闭"命令。

3）按【Alt+F4】组合键。

5．演示文稿的打开

1）以一般方式打开演示文稿。

① 选择"文件"菜单中的"打开"命令，然后单击"浏览"按钮，弹出"打开"对话框。

② 在左侧窗格选择存放目标演示文稿的文件夹，在右侧窗格列出的文件中选择要打开的演示文稿或直接在"文件名"文本框中输入要打开的演示文稿的文件名，然后单击"打开"按钮即可打开该演示文稿。

2）以副本方式打开演示文稿。演示文稿以其副本的方式打开，对副本的修改不会影响原演示文稿。

具体操作与一般方式一样，不同的是不直接单击"打开"对话框中的"打开"按钮，而是单击"打开"下拉按钮，在弹出的下拉列表中选择"以副本方式打开"命令。这样打开的是演示文稿副本，在标题栏演示文稿文件名前出现"副本（1）"字样，此时进行的编辑与原演示文稿无关。

3）以只读方式打开演示文稿。以只读方式打开的演示文稿，只能浏览，不允许修改。若修改，则不能使用原文件名进行保存，只能以其他文件名进行保存。

以只读方式打开的操作方法与副本方式打开的方法类似，不同的是在"打开"下拉列表中选择"以只读方式打开"选项。在标题栏演示文稿文件名后出现"[只读]"字样。

4）一次打开多个演示文稿。如果希望同时打开多个演示文稿，可以选择"文件"菜单中的"打开"命令，然后单击"浏览"按钮，弹出"打开"对话框。在"打开"对话框中找到目标演示文稿文件夹，按住【Ctrl】键单击多个要打开的演示文稿文件，然后单击"打开"按钮即可同时打开选择的多个演示文稿。

6. 为幻灯片添加标题

单击屏幕上幻灯片编辑窗格（主窗口中间最大的区域即幻灯片编辑窗格，其中显示当前要编辑的幻灯片）中写有"单击此处添加标题"的文本框，则该文本框中原有文字将消失，同时文本框变成可输入的状态，在此文本框中输入文字"古诗欣赏"，设置字体为隶书、字号为 56，格式为居中。

此时在屏幕左侧的幻灯片窗格（窗格中显示了每个完整幻灯片的缩略图，可以单击查看每张幻灯片的内容，或者可以使用鼠标拖动缩略图来重新排列演示文稿中的幻灯片次序。）中可以看到，设计的演示文稿已经包含一个名为"古诗欣赏"的幻灯片。

7. 建立第 2 张幻灯片

在大纲窗格（位于主窗口的左侧，可以组织和开发演示文稿中的内容，可以输入演示文稿中的所有文本，然后重新排列项目符号、段落和幻灯片）中将光标定位到第 1 个演示页的后面，然后按【Enter】键。这样就建立了第 2 张幻灯片。这个新的幻灯片被自动编号为 2。对于"空白演示文稿"，幻灯片是空白的，并以虚线框表示出各预留区。预留区被称为占位符，占位符中有文本提示信息，提示用户如何利用该预留区。

为幻灯片 2 添加标题"按作者分类"，单击"插入"选项卡"插图"选项组中的"SmartArt"按钮，弹出如图 9.5 所示的"选择 SmartArt 图形"对话框。选择"全部"中的"V 形列表"图形，然后单击"确定"按钮，则插入 SmartArt 图形，并显示"在此处键入文字"窗口。保证光标位于窗口中的第 1 行，然后在各形状中输入文字，如图 9.6 所示。其中，人名均设为宋体、55 号、加阴影，诗词名均设为宋体、22 号。

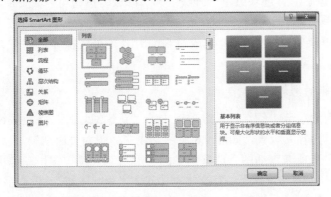

图 9.5　"选择 SmartArt 图形"对话框

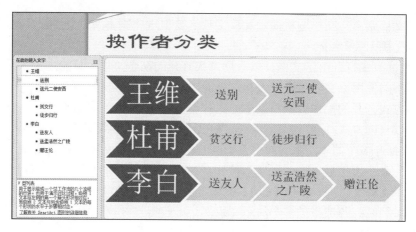

图 9.6　幻灯片 2 样张

在输入的过程中，如果缺少关系图表框，则添加框，可利用"SmartArt 工具-设计"选项卡中的"添加形状"按钮实现，如图 9.7 所示。可以对关系图进行如下操作。

图 9.7　"SmartArt 工具-设计"选项卡

1）单击"创建图形"选项组中的"添加形状"下拉按钮，可以为结构图添加形状。

① 若要在所选框的同一级别插入一个框，并在所选框后面，应在下拉列表中选择"在后面添加形状"命令。

② 若要在所选框的前面插入一个同一级别框，则在"添加形状"下拉列表中选择"在前面添加形状"命令。

③ 若要在所选框的上一级别插入一个框，则在"添加形状"下拉列表中选择"在上方添加形状"命令。

④ 若要在所选框的下一级别插入一个框，则在"添加形状"下拉列表中选择"在下方添加形状"命令。

⑤ 若要添加助理框，则在"添加形状"下拉列表中选择"添加助理"命令。

2）单击"创建图形"选项组中"升级"和"降级"按钮可以改变所选框的层级。

3）如果关系图表框多，则删除框。单击要删除的框的边框，然后按【Delete】键即可。

在 SmartArt 框架外空白处单击，完成对 SmartArt 的处理操作。此时"窗口"和"SmartArt 工具"选项卡将被隐藏。

8．建立第 3 张的幻灯片

单击"开始"选项卡"幻灯片"选项组中的"新建幻灯片"下拉按钮，在弹出的下拉列表中选择"两栏内容"版式，如图 9.8 所示。建立标题为"送别"，设置字体为隶书、50号。单击"插入"选项卡"插图"选项组中的"形状"下拉按钮，在弹出的下拉列表中选择"文本框"命令，如图 9.9 所示。在文本框中输入"唐　王维"，设置字体为黑体、28 号，使用同样的方法在幻灯片左侧输入如下内容："下马饮君酒，问君何所之。君言不得意，归卧南山陲。但去莫复问，白云无尽时。"设置字体为隶书、26 号，在"绘图工具-格式"选项卡"艺术字样式"选项组中选择一种艺术字样式即可。单击"插入"选项卡"图像"选项组中的"图片"按钮，在弹出的"插入图片"对话框中选择一幅图片，效果如图 9.10 所示。

9. 建立更多幻灯片

根据上述操作，设置幻灯片标题为"送元二使安西"，其中，文字方向为竖排，图片样式为金属框架，如图 9.11 所示。建立标题为"贫交行""徒步归行""送友人""送孟浩然之广陵""赠汪伦"的 5 张幻灯片，字体、字号和图片位置及样式可自定，如图 9.12～图 9.16 所示。其中，第 7 张幻灯片标题的设置如下：单击"绘图工具-格式"选项卡"形状样式"选项组中的"形状效果"下拉按钮，在弹出的下拉列表中选择"三维旋转"中的"右向对比透视"命令。本例效果的设置如下：单击"绘图工具-格式"选项卡"艺术字样式"选项组中的"形状效果"下拉按钮，在弹出的下拉列表中选择"棱台"中的"松散嵌入"命令，如图 9.17 所示。

图 9.8　"新建幻灯片"下拉列表

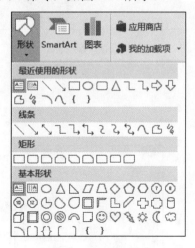

图 9.9　插入文本框

图 9.10　幻灯片 3 样张

图 9.11　幻灯片 4 样张

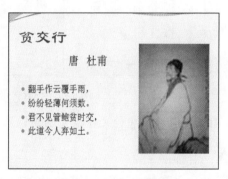

图 9.12　幻灯片 5 样张

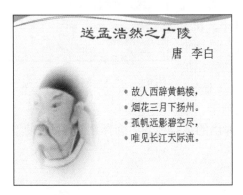

图 9.13　幻灯片 6 样张

图 9.14　幻灯片 7 样张

图 9.15　幻灯片 8 样张

图 9.16　幻灯片 9 样张

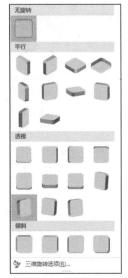

图 9.17　设置"形状效果"和"文本效果"

10. 为幻灯片中的文字设置动画效果

注意

　　幻灯片的动画效果只有在放映幻灯片的时候才能看到。

（1）为幻灯片 3 添加动画效果

在幻灯片窗格中单击幻灯片 3，选中标题文字，单击"动画"选项卡"动画"选项组中的"其他"下拉按钮，在弹出的下拉列表中选择"进入"中的"轮子"效果，如图 9.18 所示。选中诗词文字，单击"动画"选项卡"动画"选项组中的"其他"下拉按钮，在弹出的下拉列表中选择"强调"中的"陀螺旋"效果。选中图片，单击"动画"选项卡"动画"选项组中的"其他"下拉按钮，在弹出的下拉列表中选择"退出"中的"浮出"效果。

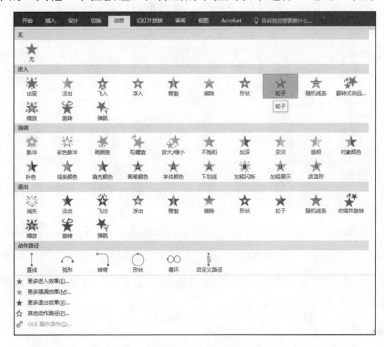

图 9.18   动画效果

（2）为幻灯片 4 添加动画效果

在幻灯片窗格中单击幻灯片 4，选中诗词文字，单击"动画"选项卡"动画"选项组中的"其他"下拉按钮，在弹出的下拉列表中选择"进入"中的"弹跳"效果，单击"效果选项"下拉按钮，在弹出的下拉列表中选择"按段落"命令，如图 9.19 所示。单击"高级动画"选项组中的"添加动画"下拉按钮，在弹出的下拉列表中选择"退出"中的"擦除"效果。选中作者，单击"动画"选项卡"动画"选项组中的"其他"下拉按钮，在弹出的下拉列表中选择"动作路径"中的"形状"效果。选中诗词，单击"高级动画"选项组中的"动画刷"按钮，再选择任意一张幻灯片中的诗词，则出现和选中诗词一样的动画效果。

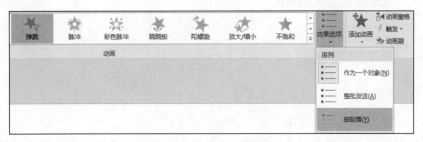

图 9.19   动画的效果选项

（3）为其他幻灯片添加动画效果

读者可参考以上操作，为其他幻灯片中的诗句和图片添加动画效果。

11. 在演示文稿中添加超链接

在幻灯片 2 中选中"送别"两个字，单击"插入"选项卡"链接"选项组中的"超链接"按钮，弹出"插入超链接"对话框。选择对话框中的"本文档中的位置"命令，然后单击对话框中间的幻灯片 3，如图 9.20 所示，然后单击"确定"按钮，即将幻灯片 2 上的文字"送别"链接到幻灯片 3 上。

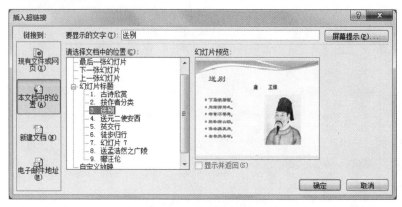

图 9.20 "插入超链接"对话框

参考上述操作步骤将幻灯片 2 中的文字"送元二使安西"链接到幻灯片 4，将文字"贫交行"链接到幻灯片 5，以此类推。

12. 更换主题

在创建演示文稿的过程中如果对使用主题不满意，可以进行更换。

单击"设计"选项卡"主题"选项组中的"其他"下拉按钮，在弹出的下拉列表中显示所有主题，如图 9.21 所示。

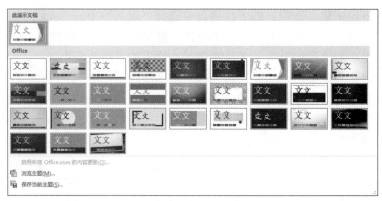

图 9.21 主题样式

13. 设置幻灯片切换、放映和保存演示文稿

在演示幻灯片时可以设置切换效果，使演示文稿更活泼。

选中幻灯片 2，单击"切换"选项卡"切换到此幻灯片"选项组中的"其他"下拉按钮，在弹出的下拉列表中选择"华丽型"中的"蜂巢"效果，如图9.22所示。选中幻灯片3，单击"切换"选项卡"切换到此幻灯片"选项组中的"其他"下拉按钮，在弹出的下拉列表中选择"华丽型"中的"涟漪"效果。选中幻灯片4，单击"切换"选项卡"切换到此幻灯片"选项组中的"其他"下拉按钮，在弹出的下拉列表中选择"华丽型"中的"立方体"效果，"效果选项"设置为"自左侧"，如果想设置所有幻灯片都为此效果，则单击"计时"选项组中的"全部应用"按钮，如图9.23所示。若要设置上一张幻灯片与当前幻灯片之间的切换效果的持续时间，在"切换"选项卡"计时"选项组中的"持续时间"编辑框中输入适当的时间。若要在单击时切换幻灯片，选中"切换"选项卡"计时"选项组中的"单击鼠标时"复选框。若要在经过指定时间后切换幻灯片，在"切换"选项卡"计时"选项组中的"设置自动换片时间"编辑框中输入所需的时间。若需要在幻灯片切换时添加声音效果，单击"切换"选项卡"计时"选项组中的"声音"下拉按钮，在弹出的下拉列表中选择所需的声音即可。若要添加下拉列表中没有的声音，可选择"其他声音"命令，在弹出的"添加音频"对话框中找到要添加的声音文件，然后单击"确定"按钮。以此类推，为其余幻灯片设置相应的切换效果。

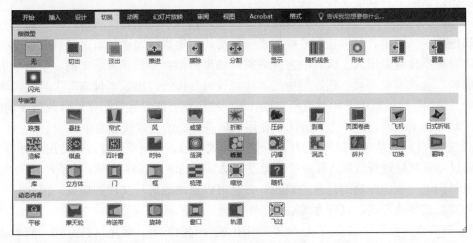

图 9.22　幻灯片切换效果

图 9.23　计时组效果

　　演示文稿设置完成后，选择"文件"菜单中的"保存"命令，按照屏幕提示为文件命名，并单击"保存"按钮，则完成文件的保存。实际上，保存文件操作可在任何时候进行。

　　演示文稿建立完毕，可单击"幻灯片放映"选项卡"开始放映幻灯片"选项组中的"从头放映"或"从当前幻灯片开始"按钮来观看演示文稿的最终效果。还可以设置幻灯片的放映方式，单击"幻灯片放映"选项卡"设置"选项组中的"设置幻灯片放映"按钮，弹出如图9.24所示的"设置放映方式"对话框。

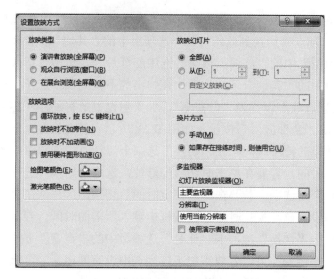

图 9.24　"设置放映方式"对话框

在该对话框中有以下 3 种放映方式。

1）演讲者放映（全屏幕）：幻灯片以全屏幕形式显示，这是常规的幻灯片放映方式。在放映过程中，演讲者可以控制放映的进度，用绘图笔进行勾画。演讲者具有完全的控制权，可以根据设置采用人工或自动方式放映，如果希望自动放映演示文稿，可以单击"幻灯片放映"选项卡"设置"选项组中的"排练计时"按钮，出现"预演"工具栏，同时在弹出的"录制"对话框中开始对演示文稿计时。按照此方法设置好每张幻灯片放映的时间，放映时即可自动放映。这种方式适用于使用大屏幕投影的会议或课堂中。

2）观众自行浏览（窗口）：幻灯片以窗口形式显示，可浏览幻灯片。使用这种方式时，不能通过单击鼠标进行放映，但是可以通过拖动窗口的滚动条或单击滚动条两端的"向上"按钮或"向下"按钮控制幻灯片的放映，并且可以自由地进行文件的切换。因此，该方式又称为交互式放映方式。这种方式适用于小规模的演示。

3）在展台浏览（全屏幕）：以全屏形式在展台上做演示。使用这种方式，演示文稿会自动全屏幕放映。如果演示文稿放映完后 5min 仍没有得到人工指令，将会自动重新开始播放。在此方式下，由于在展台上只有计算机显示器而没有键盘，所以观众只能单击超链接和动作按钮，以自己的速度来观看放映，而不能改变演示文稿中的内容和中止演示过程。使用这种放映方式，需要对演示文稿进行"排练计时"操作，即为每一张幻灯片设置放映时间。否则，显示器上将会始终显示第 1 张幻灯片而无法自动放映其他幻灯片。

在"设置放映方式"对话框中还可以进行以下放映设置。

1）演示文稿的放映范围，如放映演示文稿的第 2~5 张幻灯片。如果演示文稿定义了一种或多种自定义放映，也可以选择其中之一作为放映范围。

2）如果已经进行了排练计时，可以选择是使用人工控制演示文稿的进度，还是使用设置的放映时间自动控制幻灯片的放映进度。

3）是否循环放映。

4）放映时是否加旁白。

5）放映时是否加动画。

6）如果放映中需要用画笔在屏幕上标记，可以定义画笔的颜色。

设置完毕后单击"确定"按钮，完成演示文稿的放映方式设置。

演示文稿的放映方式与演示文稿一起保存。设置好放映方式，再打开该文稿放映时，会自动按设置好的放映方式放映。

三、实践练习

1）使用 PowerPoint 2016 制作课件演示文稿。

提示：单击"插入"选项卡"插图"选项组中"形状"下拉按钮，在弹出的下拉列表中进行基本形状、标注和动作按钮的插入。单击"插入"选项卡"符号"选项组中的"公式"下拉按钮，在弹出的下拉列表中进行公式的插入。单击"插入"选项卡"插图"选项组中的"图表"按钮进行图表的插入，效果如图 9.25 所示。

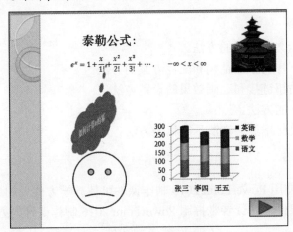

图 9.25　课件演示文稿

2）使用 PowerPoint 2016 制作个人简介演示文稿。

要求：至少包含 6 张幻灯片，内容包括个人情况、所学专业、兴趣爱好和个人特长、学业计划等。整体演示文稿风格要统一，颜色搭配协调，具有独创性。幻灯片中要求包含超链接、幻灯片切换效果、动画设置等。

PowerPoint 2016 综合操作

一、实验目的

1）掌握设计演示文稿布局的方法。

2）掌握设置幻灯片的版面结构和配色方案的方法。

3）掌握幻灯片的超链接和动画效果的设置方法。

4）掌握制作课件的方法。

5）掌握设计与美化毕业答辩演示文稿的方法。

二、实验内容及步骤

在教学过程中，使用 PowerPoint 2016 制作课件可使教学方式更加灵活。本例通过制作《大学计算机基础》课件，使读者掌握用 PowerPoint 2016 制作课件的方法。

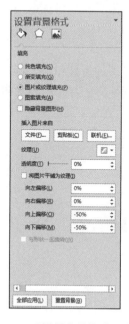

图 10.1　"设置背景格式"窗格

（1）新建演示文稿

启动 PowerPoint 2016 时，系统将自动创建一个名为"演示文稿 1"的空白演示文稿。

（2）设置背景

单击"设计"选项卡"自定义"选项组中的"设置背景格式"按钮，弹出如图 10.1 所示的"设置背景格式"窗格。选中"图片或纹理填充"单选按钮，单击"文件"或"剪贴画"按钮，选择一幅图片插入幻灯片中，作为背景。

（3）应用艺术字样式

在主标题占位符中输入"大学计算机基础"，设置字体为黑体，字号为 43 磅，颜色为橙色（RGB 模式：红色 228、绿色 108、蓝色 10），在"副标题"占位符中输入"计算机基础教研室"，并设置字体为楷体，字号为 27 磅。单击"绘图工具-格式"选项卡"艺术字样式"选项组中的"其他"按钮，在弹出的下拉列表中分别为标题和副标题设置相应的艺术字样式，效果如图 10.2 所示。

图 10.2　幻灯片首页

（4）新建第 2 张幻灯片

步骤01 单击"开始"选项卡"幻灯片"选项组中的"新建幻灯片"下拉按钮，在弹出的下拉列表中选择"仅标题"版式。

步骤02 设置与第 1 张幻灯片不同的背景格式。

步骤03 在标题占位符中输入相应文本，并设置字体格式。

步骤04 单击"插入"选项卡"文本"选项组中的"文本框"下拉按钮，在弹出的下拉列表中选择"横排文本框"命令。

步骤05 在文本框中输入文本，单击"开始"选项卡"段落"选项组中的"行距"下拉按钮，在弹出的下拉列表中选择"2.0"命令，为文本设置 2 倍行距。

步骤06 为文本框中的文本设置项目符号，最终效果如图 10.3 所示。

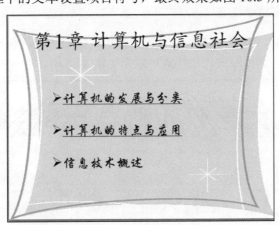

图 10.3　第 2 张幻灯片

（5）新建第 3 张幻灯片

步骤01 单击"开始"选项卡"幻灯片"选项组中的"新建幻灯片"下拉按钮，在弹出的下拉列表中选择"仅标题"版式。

步骤02 在标题占位符中输入文本，并设置字体格式。

步骤03 单击"插入"选项卡"文本"选项组中的"文本框"下拉按钮，在弹出的下拉列表中选择"竖排文本框"命令。

步骤04 在文本框中输入文本，并为其设置艺术字样式。

步骤05 单击"插入"选项卡"图像"选项组中的"图片"按钮，在弹出的"插入图片"对话框中选择一幅图片，并为其设置图片样式，最终效果如图10.4所示。

图 10.4　第 3 张幻灯片

（6）新建第 4 张幻灯片

步骤01 单击"开始"选项卡"幻灯片"选项组中的"新建幻灯片"下拉按钮，在弹出的下拉列表中选择"空白"版式。

步骤02 单击"插入"选项卡"文本"选项组中的"艺术字"按钮，插入艺术字标题"计算机的特点与应用"。要求在恰当位置（水平 2 厘米，自左上角，垂直 1.5 厘米，自左上角）插入样式为"填充-蓝色，强调文字颜色 1，塑料棱台"的艺术字，文字效果为"正梯形"。

提示：选择艺术字，右击，在弹出的快捷菜单中选择"设置形状格式"命令，在弹出的"设置形状格式"窗格中设置"水平"和"垂直"的参数。

步骤03 单击"插入"选项卡"表格"选项组中的"表格"按钮，插入 7 行 2 列的表格，为表格输入数据，并设置相应的表格样式，效果如图10.5所示。

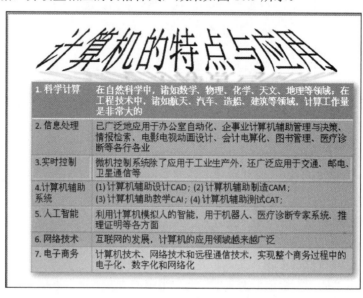

图 10.5　第 4 张幻灯片

（7）创建超链接

在第 2 张幻灯片中，选中需要创建超链接的文本，单击"插入"选项卡"链接"选项组中的"超链接"按钮，弹出"插入超链接"对话框，设置相应的链接位置。

（8）设置动画和幻灯片切换

步骤01 单击"切换"选项卡"切换到此幻灯片"选项组中的"其他"按钮，在弹出的下拉列表中为每张幻灯片设置切换效果。

步骤02 单击"动画"选项卡"动画"选项组中的"其他"下拉按钮，在弹出的下拉列表中为每张幻灯片中的各项设置动画。

步骤03 制作"标题"幻灯片。

① 设置"图钉"主题。单击"设计"选项卡"主题"选项组中的"其他"下拉按钮，在弹出的下拉列表中选择"图钉"主题。

② 如图 10.6 所示，在主标题占位符中输入文字"大学计算机基础"，在副标题占位符中输入"计算机基础教研室"。

图 10.6 样例幻灯片

③ 修饰幻灯片中的文字，设置标题颜色为红色、加粗、文字阴影，副标题为橙色。幻灯片背景为上黄下红的渐变色效果。

④ 在"标题"幻灯片中插入音频文件。单击"插入"选项卡"媒体"选项组中的"音频"下拉按钮，在弹出的下拉列表中选择"PC 上的音频"命令，在弹出的"插入音频"对话框中选择所需的音频即可。

步骤04 制作片头幻灯片，在该幻灯片插入影片文件，设置相应的视频样式和视频效果，并选择其中的一幅图片作为"标牌框架"（从视频中选择一个框架或从文件中选择一张图片作为不播放视频时填充视频区域的图像，使幻灯片更美观，避免出现难以打印的纯黑色长方形）。单击"插入"选项卡"媒体"选项组中的"视频"下拉按钮，在弹出的下拉列表中选择"PC 上的视频"命令，弹出"插入视频文件"对话框，选择 PowerPoint 支持的视频文件（如*.avi），然后单击"插入"按钮即可实现视频的插入，如图 10.7 所示。

图 10.7　片头幻灯片

步骤05 制作"目录"幻灯片。为每行文字设置超链接，如为"Excel2016 电子表格软件"设置超链接。单击"插入"选项卡"链接"选项组中的"超链接"按钮，在弹出的"插入超链接"对话框中设置相应参数即可。播放时单击该超链接，即可跳转到"Excel2016电子表格软件"部分内容中，如图 10.8 所示。

图 10.8　插入超链接

（9）添加其他幻灯片

根据教材内容添加 3 页幻灯片。

步骤01 将第 3 张幻灯片版式改为"垂直排列标题与文本"，单击"设计"选项卡"自定义"选项组中的"设置背景格式"按钮，弹出"设置背景格式"窗格，选中"渐变填充"单选按钮，设置第 1 张幻灯片背景的渐变填充的"预设渐变"为薄雾浓云，"类型"为线性，"方向"为线性向右。

步骤02 在第 3 张幻灯片后插入一张幻灯片，版式为"仅标题"，标题为"计算机硬件组成"，设置字体为隶书，字号为 48 磅。然后将该幻灯片移为整个演示文稿的第 2 张幻灯片。全文幻灯片的切换效果都设置成"蜂巢"。

步骤03 设置全文幻灯片的主题为"时装设计";将第 1 张幻灯片的文本部分动画设置为"旋转";第 2 张幻灯片的文本部分动画设置为"字幕式",其效果选项为"按段落"。

三、实践练习

1）利用上面课件的制作方式,为读者所在的学校制作一个宣传片（这需要读者课前做好文本、图片等材料的收集）。

① 试着对演示文稿应用不同的主题,然后选择自己喜欢的主题应用于当前的演示文稿中。

② 练习改变演示文稿的背景。

③ 为每张幻灯片设置切换效果,然后放映演示文稿查看切换效果。

④ 为每张幻灯片的部分对象设置动画效果,然后放映演示文稿仔细观察动画效果。

2）利用已在 Word 中排版的论文,制作毕业答辩演示文稿。

要求幻灯片不少于 6 页,包含目录、各章节主要内容、结论、致谢、参考文献等。幻灯片中包含目录到各章节的超链接、幻灯片之间切换效果、幻灯片动画设置等。

全国计算机等级考试二级 MS Office 公共基础模拟训练题

1. 下列叙述正确的是（　　）。
   A. 算法的执行效率与数据的存储结构无关
   B. 算法的空间复杂度是指算法程序中指令（或语句）的条数
   C. 算法的有穷性是指算法必须能在执行有限步骤内结束
   D. 以上 3 种描述都不对

2. 下列不属于线性数据结构的是（　　）。
   A. 队列　　　　　　B. 栈　　　　　　C. 二叉树　　　　　　D. 线性表

3. 下列描述中，符合结构化程序设计风格的是（　　）。
   A. 程序由 3 种控制结构顺序、选择和循环组成
   B. 模块只有一个入口，可以有多个出口
   C. 注重提高程序的执行效率
   D. 不使用 goto 语句

4. 下列概念中，不属于面向对象方法的是（　　）。
   A. 继承　　　　　　B. 对象　　　　　　C. 类　　　　　　D. 过程调用

5. 在结构化方法中，用数据流程图作为描述工具的软件开发阶段是（　　）。
   A. 可行性分析　　　B. 需求分析　　　C. 详细设计　　　　D. 程序编码

6. 在软件开发中，下面任务不属于设计阶段的是（　　）。
   A. 数据结构设计　　　　　　　B. 给出系统模块结构
   C. 定义模块算法　　　　　　　D. 定义需求并建立系统模型

7. 数据库系统的核心是（　　）。
   A. 软件工具　　　　　　　　　B. 数据库管理系统
   C. 数据模型　　　　　　　　　D. 数据库

8. 下列叙述中正确的是（　　）。
   A. 数据库是一个独立的系统，不需要操作系统的支持
   B. 数据库设计是指设计数据库管理系统
   C. 数据库技术的根本目标是要解决数据共享的问题
   D. 数据库系统中，数据的物理结构必须与逻辑结构一致

9. 下列模式中，能够给出数据库物理存储结构与物理存取方法的是（　　）。
   A. 外模式　　　　　B. 内模式　　　　C. 概念模式　　　　D. 逻辑模式

10. 算法的时间复杂度是指（　　）。

  A．算法执行过程中所需要的基本运算次数

  B．算法程序的长度

  C．执行算法程序所需要的时间

  D．算法程序中的指令条数

11．下列叙述中正确的是（　　　）。

  A．栈与队列是非线性结构   B．线性表是线性结构

  C．二叉树是线性结构   D．线性链表是非线性结构

12．设一棵完全二叉树共有 800 个结点，则该二叉树中的叶子结点数为（　　　）。

  A．300   B．401   C．400   D．399

13．结构化程序设计主要强调的是（　　　）。

  A．程序的可移植性   B．程序的易读性

  C．程序的执行效率   D．程序的规模

14．在软件生命周期中，能准确地确定软件系统必须做什么和必须具备哪些功能的阶段是（　　　）。

  A．概要设计 B．可行性分析 C．详细设计   D．需求分析

15．算法分析的目的是（　　　）。

  A．找出数据结构的合理性

  B．找出算法中输入和输出之间的关系

  C．分析算法的易懂性和可靠性

  D．分析算法的效率以求改进

16．软件需求分析阶段的工作，可以分为 4 个方面：需求获取、需求分析、编写需求规格说明书和（　　　）。

  A．阶段性报告 B．需求评审 C．总结   D．都不正确

17．下列关于数据库系统的叙述中正确的是（　　　）。

  A．数据库系统减少了数据冗余

  B．数据库系统避免了一切冗余

  C．数据库系统中数据的一致性是指数据类型的一致

  D．数据库系统比文件系统能管理更多的数据

18．关系表中的每一行称为一个（　　　）。

  A．元组   B．字段   C．属性   D．码

19．数据库设计包括两个方面的设计内容，它们是（　　　）。

  A．概念设计和逻辑设计   B．模式设计和内模式设计

  C．内模式设计和物理设计   D．结构特性设计和行为特性设计

20．算法的空间复杂度是指（　　　）。

  A．算法程序的长度   B．算法程序中的指令条数

  C．算法程序所占的存储空间   D．算法执行过程中所需要的存储空间

21．下列关于栈的叙述中正确的是（　　　）。

  A．在栈中只能插入数据   B．在栈中只能删除数据

  C．栈是先进先出的线性表   D．栈是先进后出的线性表

22．在深度为 5 的满二叉树中，叶子结点的个数为（　　　）。

  A．32   B．16   C．31   D．15

23．对建立良好的程序设计风格，下列描述正确的是（　　　）。

    A．程序应简单、清晰、可读性好　　　　B．符号名的命名要符合语法

    C．充分考虑程序的执行效率　　　　　　D．程序的注释可有可无

24．下列关于对象概念描述错误的是（　　　）。

    A．任何对象都必须有继承性　　　　　　B．对象是属性和方法的封装体

    C．对象间的通信靠消息传递　　　　　　D．操作是对象的动态性属性

25．下列不属于软件工程的 3 个要素的是（　　　）。

    A．工具　　　　　　B．过程　　　　　　C．方法　　　　　　D．环境

26．需求分析阶段的任务是确定（　　　）。

    A．软件开发方法　　　　　　　　　　　B．软件开发工具

    C．软件开发费用　　　　　　　　　　　D．软件系统功能

27．在数据管理技术的发展过程中，经历了人工管理阶段、文件系统阶段和（　　　）阶段。

    A．数据库系统　　　B．文件系统　　　C．人工管理　　　　D．数据项管理

28．用树形结构来表示实体之间联系的模型称为（　　　）。

    A．关系模型　　　　B．层次模型　　　C．网状模型　　　　D．数据模型

29．关系数据库管理系统能实现的专门关系运算包括（　　　）。

    A．排序、索引、统计　　　　　　　　　B．选择、投影、连接

    C．关联、更新、排序　　　　　　　　　D．显示、打印、制表

30．算法一般可以用（　　　）控制结构组合而成。

    A．循环、分支、递归　　　　　　　　　B．顺序、循环、嵌套

    C．循环、递归、选择　　　　　　　　　D．顺序、选择、循环

31．数据的存储结构是指（　　　）。

    A．数据所占的存储空间量　　　　　　　B．数据的逻辑结构在计算机中的表示

    C．数据在计算机中的顺序存储方式　　　D．存储在外存中的数据

32．在面向对象方法中，一个对象请求另一对象为其服务的方式是通过发送（　　　）。

    A．消息　　　　　　B．调用语句　　　C．命令　　　　　　D．口令

33．检查软件产品是否符合需求定义的过程称为（　　　）。

    A．确认测试　　　　B．集成测试　　　C．验证测试　　　　D．验收测试

34．下列不属于软件设计原则的是（　　　）。

    A．抽象　　　　　　B．模块化　　　　C．自底向上　　　　D．信息隐蔽

35．索引属于（　　　）。

    A．模式　　　　　　B．内模式　　　　C．外模式　　　　　D．概念模式

36．在关系数据库中，用来表示实体之间联系的是（　　　）。

    A．树结构　　　　　B．网结构　　　　C．线性表　　　　　D．二维表

37．将 E-R 图转换到关系模式时，实体与联系都可以表示成（　　　）。

    A．属性　　　　　　B．关系　　　　　C．键　　　　　　　D．域

38．在下列选项中，（　　　）不是算法应该具有的基本特征。

    A．确定性　　　　　　　　　　　　　　B．可行性

    C．无穷性　　　　　　　　　　　　　　D．有一个或多个输出

39．单个用户使用的数据视图的描述称为（　　　）。

  A．外模式   B．概念模式   C．内模式   D．存储模式

40．下列关于队列的叙述中正确的是（ ）。

  A．在队列中只能插入数据   B．在队列中只能删除数据

  C．队列是先进先出的线性表   D．队列是先进后出的线性表

41．对长度为 N 的线性表进行顺序查找，在最坏情况下所需要的比较次数为（ ）。

  A．N B．$N-1$ C．$N/2$ D．$(N-1)/2$

42．信息隐蔽的概念与下述（ ）概念直接相关。

  A．软件结构定义   B．模块独立性

  C．模块类型划分   D．模拟耦合度

43．数据处理的最小单位是（ ）。

  A．数据元素   B．数据结构   C．数据项   D．数据

44．数据结构中，与所使用的计算机无关的是数据的（ ）。

  A．物理结构   B．存储结构

  C．逻辑结构   D．物理和存储结构

45．软件调试的目的是（ ）。

  A．发现错误   B．改正错误

  C．改善软件的性能   D．挖掘软件的潜能

46．已知二叉树的后序遍历序列是 dabec，中序遍历序列是 debac，它的前序遍历序列是（ ）。

  A．cedba   B．deabc   C．dabec   D．debac

47．在单链表中，增加头结点的目的是（ ）。

  A．方便运算的实现   B．使单链表至少有一个结点

  C．标识表结点中首结点的位置   D．说明单链表是线性表的链式存储实现

48．在下列几种排序方法中，要求内存量最大的是（ ）。

  A．插入排序   B．选择排序   C．快速排序   D．归并排序

49．在设计程序时，应采纳的原则之一是（ ）。

  A．程序结构应有助于读者理解   B．不限制 goto 语句的使用

  C．减少或取消注解行   D．程序越短越好

50．下列不属于软件调试技术的是（ ）。

  A．强行排错法   B．集成测试法   C．回溯法   D．原因排除法

51．在 Excel 工作表中存放了计算机科学学院 18 级所有班级总计 500 个学生的基本信息，A 列到 D 列分别对应"班级""学号""姓名""性别"，利用公式计算软件工程 11801 班男生的人数，最优的操作方法是（ ）。

  A．=SUMIFS(A2:A451, "软件工程 11801 班",D2:D451,"男")

  B．= COUNTIF(A2:A451, "软件工程 11801 班",D2:D451,"男")

  C．=COUNTIFS(A2:A451, "软件工程 11801 班",D2:D451,"男")

  D．=SUMIF(A2:A451, "软件工程 11801 班",D2:D451,"男")

52．Excel 工作表的 D 列保存了 18 位身份证号码信息，为了保护个人隐私，需将身份证信息的第 9～第 12 位用"*"表示，以单元格 D2 为例，最优的操作方法是（ ）。

  A．=MID(D2,1,8)+"****"+MID(D2,13,6)

  B．=CONCATENATE(MID(D2,1,8),"****",MID(D2,13,6))

    C．=REPLACE(D2,9,4,"****")

    D．=MID(D2,9,4,"****")

53．某同学从网站上查到了湖北省各高校最近几年高考招生录取线的明细表，他准备将这份表格中的数据引用到 Excel 中以便进一步分析，最优的操作方法是（   ）。

    A．对照网页上的表格，直接将数据输入到 Excel 工作表中

    B．通过 Excel 中的"自网站获取外部数据"功能，直接将网页上的表格导入 Excel 工作表中

    C．通过复制、粘贴功能，将网页上的表格复制到 Excel 工作表中

    D．先将包含表格的网页保存为 .htm 或 .mht 格式文件，然后在 Excel 中直接打开该文件

54．某班级有 40 名学生，将学生的学号、姓名、总评成绩输入学生信息表中，分别位于 A、B、C 列，A1~C1 为标题，现在对 D 列的总评成绩进行排名，计算排名的最优操作方法是（   ）。

    A．先对总评成绩升序排序，然后在单元格 D2 中输入 1，按【Ctrl】键的同时拖动填充柄到最后一个需要计算的单元格

    B．先对总评成绩升序排序，然后在单元格 D2、D3 中分别输入 1、2，选中单元格 D2、D3，拖动填充柄到最后一个需要计算的单元格

    C．在单元格 D2 中输入公式 "=RANK(C2,C2:C41,0)"，确定后，双击单元格 D2 中的填充柄即可

    D．在单元格 D2 中输入公式 "=RANK(C2,$C$2:$C$41)"，确定后，双击单元格 D2 中的填充柄即可

55．某员工用 Excel 2016 制作了一份员工档案表，但经理的计算机中只安装了 Office 2003，能让经理正常打开员工档案表的最优操作方法是（   ）。

    A．将文档另存为 Excel 97-2003 文档格式

    B．将文档另存为 PDF 格式

    C．建议经理安装 Office 2016

    D．小刘自行安装 Office 2003，并重新制作一份员工档案表

56．使用 Excel 公式不能得出正确的结果，可能会出现#开头的错误提示，下面（   ）表示单元格引用无效。

    A．#N/A   B．#VALUE   C．#DIV/0   D．#REF

57．某班级学生 4 个学期的各科成绩单分别保存在独立的 Excel 工作簿文件中，现在需要将这些成绩单合并到一个工作簿文件中进行管理，最优的操作方法是（   ）。

    A．将各学期成绩单中的数据分别通过复制、粘贴的命令整合到一个工作簿中

    B．通过移动或复制工作表功能，将各学期成绩单整合到一个工作簿中

    C．打开学期的成绩单，将其他学期的数据输入同一个工作簿的不同工作表中

    D．通过数据合并功能

58．在 Excel 2016 中，工作表单元格 B1 中存放了 18 位二代身份证号码，在单元格 B2 中利用公式计算该人的年龄，最优的操作方法是（   ）。

    A．=YEAR(TODAY())-MID(B1,6,8)

    B．=YEAR(TODAY())-MID(B1,6,4)

    C．=YEAR(TODAY())-MID(B1,7,8)

D．=YEAR(TODAY())-MID(B1,7,4)

59．在 Excel 2016 中，整理职工档案，希望"性别"一列只能从"男""女"两个值中进行选择，否则系统提示错误信息，最优的操作方法是（　　）。

　　A．通过 IF 函数进行判断，控制"性别"列的输入内容

　　B．请同事帮忙进行检查，错误内容用红色标记

　　C．设置条件格式，标记不符合要求的数据

　　D．设置数据有效性，控制"性别"列的输入内容

60．在学生成绩表中筛选出性别为男且计算机基础大于等于 90 分或性别为女且大学英语大于等于 85 分的信息，将筛选的结果在原有区域显示，则高级筛选的条件区域是（　　）。

A.

性别	计算机基础	大学英语
男	>=90	
女		>=85

B.

性别	计算机基础	大学英语
男		>=85
女	>=90	

C.

性别	计算机基础	大学英语
男	>=90	>=85
女		

D.

性别	计算机基础	大学英语
男/女	>=90	>=85

全国计算机等级考试二级 MS Office 上机操作模拟训练题

1. 文字处理

某出版社的编辑小王手中有一篇有关财务软件应用的电子书稿需要排版,文件名为"会计电算化.docx",打开该文档,按照以下要求帮助小王进行排版操作。

1)页面设置:纸张大小 16 开,对称页边距,上边距为 2.5 厘米、下边距为 2 厘米,内侧边距为 2 厘米、外侧边距为 2 厘米,装订线 1 厘米,页脚距边界 1.0 厘米。

2)书稿中包含 3 个级别的标题,分别用"(一级标题)""(二级标题)""(三级标题)"字样标出。按照下列要求对各级标题设置相应的格式。

① 所有用"(一级标题)"标识的段落,设置样式为"标题 1",对应格式为黑体、小二号、段前 1.5 行、段后 1 行、行距最小值 12 磅,居中。

② 所有用"(二级标题)"标识的段落,设置样式为"标题 2",对应格式为黑体、小三号、段前 1 行、段后 0.5 行、行距最小值 12 磅。

③ 所有用"(三级标题)"标识的段落,设置样式为"标题 3",对应格式为宋体、小四号、段前 12 磅、段后 5 磅、行距最小值 12 磅。

④ 正文文本:两端对齐,首行缩进 2 字符、1.25 倍行距、段后 6 磅。

设置完成后,使用多级列表将标题 1 设置为第 1 章、第 2 章等样式;将标题 2 设置为1-1、1-2 等样式;将标题 3 设置为 1-1-1、1-1-2 等样式,且与二级标题缩进位置相同。

3)将书稿中各级标题文字后面括号中的提示文字及括号"(一级标题)""(二级标题)""(三级标题)"全部删除。

4)书稿中有若干表格及图片,分别在表格上方和图片下方的说明文字左侧添加形如"表 1-1""表 2-1""图 1-1""图 2-1"的题注,其中连字符"-"前面的数字代表章号、"-"后面的数字代表图表的序号,各章节"题注"的格式修改为仿宋、小五号字、居中。

5)在书稿中用红色标出的文字适当位置,为前两个表格和前 3 个图片设置自动引用其题注号。为第 2 张表格"表 1-2 好朋友财务软件版本及功能简表"套用一个合适的表格样式,保证表格第 1 行在跨页时能够自动重复且表格上方的题注与表格总在一页上。

6)在书稿的最前面插入目录,要求包括标题第 1~第 3 级及对应的页码。目录、书稿的每一章均为独立的一节,每一节页眉显示为标题 1 的内容,页码均以奇数页为起始页码。

7)目录与书稿的页码分别独立编排,目录页码使用大写罗马数字(Ⅰ、Ⅱ、Ⅲ、…),书稿页码使用阿拉伯数字(1、2、3、…)且各章节间连续编码。除目录首页和每章首页不显示页码外,其余页面要求奇数页页码显示在页码右侧,偶数页页码显示在页码左侧。

8)将排版好的文件以原文件名保存。

2. 电子表格

小李今年毕业后，在一家计算机图书销售公司担任市场部助理，主要的工作职责是为部门经理提供销售信息的分析和汇总。请你根据销售数据报表（"Excel.xlsx"文件），按照如下要求完成统计和分析工作。

1）请对"订单明细"工作表进行格式调整，通过套用表格格式方法将所有的销售记录调整为一致的外观格式，并将"单价"列和"小计"列所包含的单元格调整为"会计专用"（人民币）数字格式。

2）根据图书编号，请在"订单明细"工作表的"图书名称"列中，使用 VLOOKUP 函数完成图书名称的自动填充。"图书名称"和"图书编号"的对应关系在"编号对照"工作表中。

3）根据图书编号，请在"订单明细"工作表的"单价"列中，使用 VLOOKUP 函数完成图书名称的自动填充。"单价"和"图书编号"的对应关系在"编号对照"工作表中。

4）在"订单明细"工作表的"小计"列中，计算每笔订单的销售额。

5）根据"订单明细"工作表中的销售数据，统计所有订单的总销售金额，并将其填写在"统计报告"工作表的单元格 B3 中。

6）根据"订单明细"工作表中的销售数据，统计《MS Office 高级应用》图书在 2019 年的总销售额，并将其填写在"统计报告"工作表的单元格 B4 中。

7）根据"订单明细"工作表中的销售数据，统计隆华书店在 2018 年第 3 季度的总销售额，并将其填写在"统计报告"工作表的单元格 B5 中。

8）根据"订单明细"工作表中的销售数据，统计隆华书店在 2019 年的每月平均销售额（保留 2 位小数），并将其填写在"统计报告"工作表的单元格 B6 中。

9）保存"Excel.xlsx"文件。

3. 演示文稿

为了更好地控制教材编写的内容、质量和流程，小徐负责起草了"图书策划方案.docx"文档。他需要将图书策划方案文档中的内容，制作成向教材编委会进行展示的 PowerPoint 演示文稿。现在，请根据图书策划方案中的内容，按照如下要求完成演示文稿的制作。

1）创建一个新演示文稿，内容需要包含"图书策划方案.docx"文件中所有讲解的要点，包括：

① 演示文稿中的内容编排，需要严格遵循 Word 文档中的内容顺序，并仅需要包含 Word 文档中应用了"标题 1""标题 2""标题 3"样式的文字内容。

② Word 文档中应用了"标题 1"样式的文字，需要成为演示文稿中每张幻灯片的标题文字。

③ Word 文档中应用了"标题 2"样式的文字，需要成为演示文稿中每张幻灯片的第一级文本内容。

④ Word 文档中应用了"标题 3"样式的文字，需要成为演示文稿中每张幻灯片的第二级文本内容。

2）将演示文稿中的第一张幻灯片，调整为"标题幻灯片"版式。

3）为演示文稿应用一个美观的主题样式。

4）在标题为"2018 年同类图书销售统计"的幻灯片中，插入一个 6 行 5 列的表格，列标题分别为"图书名称""出版社""作者""定价""销售"。

5）在标题为"新版图书创作流程示意"的幻灯片中，将文本框包含的流程文字利用 SmartArt 图形展现。

6）在该演示文稿中创建一个演示方案，该演示方案包含第 1、2、4、7 张幻灯片，并将该演示方案命名为"放映方案 1"。

7）在该演示文稿中创建一个演示方案，该演示方案包含第 1、2、3、5、6 张幻灯片，并将该演示方案命名为"放映方案 2"。

8）保存制作完成的演示文稿，并将其命名为"图书策划方案.pptx"。

参 考 文 献

创客诚品, 2017. Office 2016 高效办公实战技巧辞典[M]. 北京: 北京希望电子出版社.

王秉宏, 2017. Access 2016 数据库应用基础教程[M]. 北京: 清华大学出版社.

谢华, 冉洪艳, 2017. Office 2016 高效办公应用标准教程[M]. 北京: 清华大学出版社.

杨小丽, 2019. Access 2016 从入门到精通[M]. 2 版. 北京: 中国铁道出版社.

郁红英, 等, 2018. 计算机操作系统[M]. 2 版. 北京: 清华大学出版社.

赵萍, 2018. Excel 数据处理与分析[M]. 北京: 清华大学出版社.

ALEXANDER M, KUSLEIKA D, 2016. 中文版 Access 2016 宝典[M]. 张洪波, 译. 8 版. 北京: 清华大学出版社.